Innovationen im
Advanced Industrial Engineering and Management

Tagungsband zum
Festkolloquium am 9. September 2015 in Braunschweig

Schriftenreihe des IFU

Uwe Dombrowski (Hrsg.)

Innovationen im Advanced Industrial Engineering and Management

Tagungsband zum Festkolloquium
am 9. September 2015 in Braunschweig

Shaker Verlag
Aachen 2015

Bibliografische Information der Deutschen Nationalbibliothek
Die Deutsche Nationalbibliothek verzeichnet diese Publikation in der Deutschen
Nationalbibliografie; detaillierte bibliografische Daten sind im Internet über
http://dnb.d-nb.de abrufbar.

Copyright Shaker Verlag 2015
Alle Rechte, auch das des auszugsweisen Nachdruckes, der auszugsweisen
oder vollständigen Wiedergabe, der Speicherung in Datenverarbeitungs-
anlagen und der Übersetzung, vorbehalten.

Printed in Germany.

ISBN 978-3-8440-3880-4
ISSN 1617-965X

Shaker Verlag GmbH • Postfach 101818 • 52018 Aachen
Telefon: 02407 / 95 96 - 0 • Telefax: 02407 / 95 96 - 9
Internet: www.shaker.de • E-Mail: info@shaker.de

Innovationen im Advanced Industrial Engineering and Management

Industrie 4.0, demografischer Wandel, Führung, Produktionssysteme, Qualität, Servicefokussierung, Fachkräftemangel, dies sind nur einige Trends für Herausforderungen im Umfeld produzierender Unternehmen, die Unternehmen vor neue Herausforderungen stellt. Diesen Herausforderungen müssen Unternehmen aktiv begegnen, um auch in Zukunft erfolgreich am Markt bestehen zu können.

Diese aktuellen und zukünftigen Herausforderungen greift das Festkolloquium zum 50-jährigen Bestehen des Instituts für Fabrikbetriebslehre und Unternehmensforschung mit seinen Themenschwerpunkten *Ganzheitliche Produktionssysteme, Fabrikplanung und Arbeitswissenschaft, After Sales Service* und *Lehre im Bereich des Advanced Industrial Engineering and Management* auf.

In neun Vorträgen präsentieren Ihnen namhafte Experten produzierender Unternehmen gemeinsam mit Wissenschaftlern Lösungsansätze, innovative Trends, neue Impulse für die Lehre sowie ihre Erfahrungen bei der Umsetzung.

Für die Unterstützung bei der Organisation des Festkolloquiums möchte ich mich besonders bei meinen Mitarbeitern Herrn Stefan Ernst und Herrn Constantin Malorny bedanken.

Ich würde mich freuen, wenn Ihnen nicht nur die Vorträge selbst wertvolle Anregungen für Ihr Unternehmen liefern, sondern ebenso der persönliche Erfahrungsaustausch.

Herzlich willkommen!

Univ.-Prof. Dr.-Ing. Uwe Dombrowski
Geschäftsführender Leiter

Grußwort der Niedersächsischen Ministerin für Wissenschaft und Kultur Dr. Gabriele Heinen-Kljajić

Seit nunmehr 50 Jahren wird am Institut für Fabrikbetriebslehre und Unternehmensforschung der Technischen Universität Braunschweig erfolgreich gelehrt und geforscht. Das Institut hat sich dadurch einen Namen in der Braunschweiger Hochschullandschaft gemacht. Mit den drei Schwerpunkten „Fabrikplanung und Arbeitswissenschaft", „Ganzheitliche Produktionssysteme" und „After Sales Service" werden Arbeitsgebiete aus den Bereichen Maschinenbau, Informatik und Wirtschaftswissenschaften hervorragend miteinander verbunden.

Durch die Querschnittsfunktionen Informationsmanagement und -syteme, Simulation sowie Geschäftsprozessanalyse und -optimierung, die sich durch alle drei Forschungsbereiche ziehen, und durch die enge Zusammenarbeit mit Industriepartnern aus diesen Bereichen, erfolgt eine praxisorientierte Ausrichtung der Forschungsaktivitäten. Viele der großen bekannten Industriefirmen Deutschlands gehören zu den Auftraggebern. Zu den zahlreichen Praxisprojekten zählen beispielhaft Alter(n)sgerechte Arbeitsplatzgestaltung, Prozessorganisation in deutschen Unternehmen, Modulare Produktion oder Lean After Sales Service.

Mit seiner jahrelangen Erfahrung ist das Institut für Fabrikbetriebslehre und Unternehmensforschung gut vorbereitet auf die voranschreitenden Entwicklungen in der Informations- und Kommunikationstechnologie und die für immer kürzer werdende Innovationszyklen erforderlichen Lösungsansätze wie z.B. das Lean Development.

Herr Prof. Dr.-Ing. Dombrowski hat mit seinem Team ein abwechslungsreiches Programm mit hochkarätigen Referenten aus Forschung und Industrie für das Festkolloquium zusammengestellt. Ich wünsche allen Teilnehmerinnen und Teilnehmern interessante Vorträge und anregende Gespräche.

Dr. Gabriele Heinen-Kljajić

Niedersächsische Ministerin für Wissenschaft und Kultur

Grußwort des Oberbürgermeisters der Stadt Braunschweig Ulrich Markurth

Das Institut für Fabrikbetriebslehre und Unternehmensforschung (IFU) der Technischen Universität Braunschweig feiert in diesem Jahr sein 50-jähriges Bestehen. Zu diesem besonderen Jubiläum übermittle ich dem IFU im Namen der Stadt meine herzlichen Grüße und Glückwünsche.

Im Jahr 1965 lagen die Schwerpunkte in Forschung, Lehre und Praxis vor allem im Bereich der Fabrik- und Investitionsplanung. Seitdem ist es dem Institut gelungen, sich konsequent weiterzuentwickeln und den Anforderungen der Zeit Rechnung zu tragen. In den letzten Jahren stehen insbesondere die digitalisierte und vernetzte Produktion, „schlanke" Organisationsmodelle für Unternehmen und das Ersatzteilmanagement im Mittelpunkt der Arbeiten – mit dem Ziel, die Betriebsprozesse zu optimieren.

Das breit gefächerte Angebotsspektrum des Instituts für Fabrikbetriebslehre und Unternehmensforschung sowie die enge und vertrauensvolle Kooperation mit der Industrie motiviert Studierende, ihr Wissen in diesem Fachgebiet zu vertiefen. Dabei profitieren sie von den hervorragenden Praxisbedingungen.

Aber nicht nur das IFU der hiesigen Technischen Universität besitzt weit über die Grenzen der Region hinaus einen hervorragenden Ruf. Als Mitglied der TU-9 zählt die TU Braunschweig in den Ingenieurswissenschaften zu den führenden deutschen Technischen Universitäten. Der Wissenschaftsstandort Braunschweig zeichnet sich insgesamt durch ein hervorragendes Netzwerk zwischen der Technischen Universität und weiteren hochkarätigen Forschungseinrichtungen sowie den über 250 hier ansässigen Hochtechnologiebetrieben aus. Damit besitzt unsere Stadt ein wissenschaftsgestütztes Innovationspotenzial, das bundesweit seinesgleichen sucht.

Mit meiner Gratulation zum 50-jährigen Jubiläum verbindet sich mein Dank für die bisher geleistete Arbeit. Ich bin sicher, das Institut für Fabrikbetriebslehre und Unternehmensforschung der TU Braunschweig wird sich auch in Zukunft den vielfältigen wissenschaftlichen und praxisorientierten neuen Herausforderungen stellen und so ihren Studierenden beste Voraussetzungen auf deren Weg ins Arbeitsleben mitgeben.

Ulrich Markurth
Oberbürgermeister

Grußwort des Präsidenten der Technischen Universität Carolo-Wilhelmina zu Braunschweig

Im Jahre 1965 wurde der Lehrstuhl für Fabrikbetriebslehre und Unternehmensforschung (IFU) als Abspaltung vom Institut für Werkzeugmaschinen und Fertigungstechnik (IWF) gegründet. Als erster Lehrstuhlinhaber prägte und gestaltete Herr Professor Berr über dreißig Jahre lang bis zum Sommersemester 1996 die Entwicklung des IFU. Bevor Herr Professor Dombrowski am ersten Januar 2000 die geschäftsführende Leitung des IFU übernahm, oblag mir selbst bis 1999 die Leitung kommissarisch.

Umso mehr freut es mich, dass das IFU seinen Wurzeln stets treu geblieben ist: Gegründet als Lehrstuhl mit Fokus auf anwendungsbezogener Forschung, arbeitete das IFU stets in enger Kooperation mit der Industrie. Die Lösung praxisrelevanter Aufgabenstellung stand und steht stets im Vordergrund der Institutsarbeit. Hierbei leistet das IFU heute wie damals Hervorragendes: Beispielhaft seien an dieser Stelle die Forschungsergebnisse zur Ersatzteilversorgung im Nachserienbedarf, zum Lean Development, zu Ganzheitlichen Produktionssystemen und zum Lean Leadership sowie das neue VR-Labor mit digitalem Planungstisch genannt, in dem schon heute zukünftige Standards der Fabrikplanung entwickelt werden. Vor kurzem ist das weltweit erste Zertifizierungssystem für Nachhaltige Industriestandorte der Öffentlichkeit vorgestellt worden, ein gemeinsames Forschungsprojekt zwischen IFU, der Volkswagen AG und der Deutschen Gesellschaft für Nachhaltiges Bauen (DGNB).

Seine Erkenntnisse lässt das IFU dabei stets aktuell in die Lehre einfließen, die mittlerweile neun Vorlesungen von „Produktionsmanagement" bis „Fabrikplanung in der Elektronikproduktion" umfasst.

So trägt das Institut für Fabrikbetriebslehre und Unternehmensforschung nicht nur seinen Teil dazu bei, dass die Absolventen der Technischen Universität Braunschweig bestens für ihre Aufgaben in der Industrie ausgebildet sind, sondern auch dazu, dass der Industriestandort Deutschland zukünftig international wettbewerbsfähig ist und bleibt.

Hierfür wünsche ich dem IFU alles Gute und weiterhin viel Erfolg!

Univ.-Prof. Dr.-Ing. Dr. h.c. Jürgen Hesselbach
Präsident der Technischen Universität Carolo Wilhelmina zu Braunschweig

Grußwort des Vorsitzenden des IFU-Freundeskreises e.V.
Prof. Dr.-Ing. Bernd Wilhelm

„50 Jahre und kein bisschen müde, ganz im Gegenteil!" – so könnte man scherzhaft Arbeitsweise, Selbstverständnis und Betriebsklima am IFU beschreiben. Im Mittelpunkt von Forschung und Lehre steht die Fabrik mit den Prozessen, der Organisation und vor allem den Menschen, die dort arbeiten. Die Entwicklung innovativer Methoden und Verfahren, aber auch deren praktische Erprobung sind die klare Zielsetzung.

Zwei Persönlichkeiten waren es, die entscheidend an der Gründung mitgewirkt haben: Zum einen Herr Prof. Dr.-Ing. Ulrich Berr und zum anderen war es Prof. Dr.-Ing. Gotthold Pahlitzsch, der damalige Leiter des Instituts für Werkzeugmaschinen und Fertigungstechnik. Beide Herren waren sich bereits in den frühen 60er Jahren bewusst, dass Planung und Organisation von Fabriken bzw. des Fabrikbetriebs und dabei die Nutzung der aufkommenden Informationstechnik eine strategische Bedeutung gewinnen würden. Am 26. Oktober 1965 wurde Herr Prof. Berr zum ersten Lehrstuhlinhaber berufen. Unter seiner Leitung entwickelte sich das IFU zu einer ersten Adresse in der deutschen Forschungslandschaft. Innovation, Qualität und vor allem Praxisnähe waren von Anfang an die wichtigsten Kriterien.

Im Jahr 2000 erfolgte die Berufung von Herrn Prof. Dr.-Ing. Uwe Dombrowski als sein Nachfolger. Unter seiner Leitung entwickelte sich das Spektrum von Forschung und Lehre systematisch und erfolgreich weiter. Neue Technologien wie z. B. ein VR-Labor und der Digitale Planungstisch kamen hinzu, ebenso das Gebiet der Arbeitswissenschaft, um der Bedeutung des Menschen in der Fabrik gerecht zu werden. Neu sind auch das Themenfeld Advanced Industrial Management und der Fokus auf Lean Enterprise, ebenso ein innovatives Verfahren zur Planung und Zertifizierung von umweltgerechten Fabrikstandorten.

Wir wünschen dem IFU und allen, die dort arbeiten, auch für die Zukunft Kreativität und viele zündende Ideen, um Studierende und Industrie aktiv zu unterstützen.

Prof. Dr.-Ing. Bernd Wilhelm
1. Vorsitzender des IFU-Freundeskreises e.V.

Inhaltsverzeichnis

Advanced Industrial Engineering and Management 1

Ganzheitliche Produktionssysteme 37

    Erfolgreich in der Nische 39

    Industrial Engineering und Sozio-Cyber-Physical Systems 51

Fabrikplanung und Arbeitswissenschaft 61

    Investitionen für die Fabrik der Zukunft 63

    Fabrikplanung - Zukunftsfähige Fabrikstrukturen energie- und ressourceneffizient betreiben 79

    Kooperation zwischen Wissenschaft und Industrie – Ein Erfolgsmodell für die Fabrikplanung 93

After Sales Service 95

    Herausforderungen im After Sales Service eines Nutzfahrzeugherstellers 97

Lehre im Advanced Engineering and Industrial Management 111

    A New Model of Industrial Engineering and Management in Higher Education 113

Unternehmertum – Innovation – Unternehmerkultur 125

Advanced Industrial Engineering and Management
Gestern – Heute – Morgen

Univ.-Prof. Dr.-Ing. Uwe Dombrowski

Geschäftsführender Leiter

Institut für Fabrikbetriebslehre und Unternehmensforschung (IFU),

Technische Universität Braunschweig

Curriculum Vitae

Nach einer Lehre als Technischer Zeichner bei der Rheinstahl Hanomag AG in Hannover Studium des Maschinenbaus mit der Fachrichtung Fertigungstechnik an der Fachhochschule Hamburg. Anschließend Studium des Maschinenbaus mit der Fachrichtung Produktionstechnik an der Universität Hannover.

Ab 1981 Wissenschaftlicher Mitarbeiter bei Prof. Wiendahl am Institut für Fabrikanlagen (IFA) der Universität Hannover. 1987 Promotion zum Dr.-Ing.

1988 Wechsel in die Industrie zur Firma Philips Medizin Systeme GmbH in Hamburg. Dort Bereichsleiter und Prokurist Internal Supply und Engineering Services. 1994 Gesamtprojektleiter zur Erneuerung der gesamten Informationslandschaft bei Philips Medical Systems International, Pilot Development and Manufacturing Center Hamburg.

1997 Wechsel zur Dr.-Ing. h. c. F. Porsche AG Stuttgart. Dort Hauptabteilungsleiter (Director) mit weltweiter Verantwortung für den Zentralen Teiledienst inkl. Tequipment (Zubehör) und Selection (Accessoires) sowie Geschäftsführer der Porsche Classic GmbH.

2000 Berufung zum Universitätsprofessor an die Technische Universität Carolo Wilhelmina zu Braunschweig und Ernennung zum Geschäftsführenden Leiter des Instituts für Fabrikbetriebslehre und Unternehmensforschung (IFU).

Schwerpunkte der Lehr- und Forschungstätigkeit sind Fabrikplanung (Digitale Planungswerkzeuge), Arbeitswissenschaft (Mensch- Maschine-Kooperation), PPS & Logistik (After Sales Service), Managementsysteme und Unternehmensorganisation (Ganzheitliche Produktionssysteme).

Univ.-Prof. Dr.-Ing. Uwe Dombrowski war von 2001 bis 2009 stellvertretender Kuratoriumsvorsitzender des Fraunhofer-Instituts für Fabrikbetrieb und -automatisierung (IFF) in Magdeburg.

Von 2004 bis 2008 war er Mitglied im Fachkollegium "Produktionstechnik" der Deutschen Forschungsgemeinschaft (DFG) und vertrat dort das Fach "Produktionsautomatisierung, Fabrikbetrieb, Betriebswissenschaft".

Seit 2005 ist Univ.-Prof. Dr.-Ing. Uwe Dombrowski Mitglied der European Academy for Industrial Management (AIM). Im September 2011 wurde er hier zum Vice-President gewählt.

Seit 2007 ist er Vorsitzender des VDI Fachausschusses Ganzheitliche Produktionssysteme, in dem die VDI-Richtlinie 2870 erarbeitet wurde.

Seit 2010 ist er Mitglied des Beirats der Gesellschaft für Organisation (GFO).

Herr Univ.-Prof. Dr.-Ing. Uwe Dombrowski ist wissenschaftlicher Leiter und Mitglied des Fachbeirats der jährlich stattfindenden deutschen Fachkonferenz After Sales Service.

Zudem ist er Mitveranstalter des jährlichen Braunschweiger GPS-Symposiums und ist im Fachbeirat der Deutsche Fachkonferenz Fabrikplanung.

Advanced Industrial Engineering and Management

Univ.-Prof. Dr.-Ing. U. Dombrowski, Dipl.-Wirtsch.-Ing. S. Ernst

Einführung: Rückblick 50 Jahre gesellschaftliche Entwicklung

Seit der Gründung des Instituts für Fabrikbetriebslehre und Unternehmensforschung vor 50 Jahren, ergaben sich tief greifende gesellschaftliche und technologische Veränderungen. Bei diesen Veränderungen war das IFU stets Impulsgeber für neue Innovationen für die Produktion. In den folgenden Abschnitten wird beginnend mit einem kurzen Rückblick auf einige Ereignisse der 60er Jahre und die technologische Entwicklung am Beispiel der Rechnertechnik, die Historie des IFU beschrieben. Im Anschluss werden einige Innovationen aus den drei Fachgruppen des IFU sowie die Lehre am IFU vorgestellt.

Gesellschaftliche Ereignisse in den 60er

Abbildung 1: Rückblick 60er Jahre

Die 60er Jahre begannen mit dem tief greifenden Ereignis, dass mit dem Bau der Berliner Mauer **1961** die Teilung Berlins, Deutschlands und Europas unumgänglich wurde. Die folgenden Jahre waren von einem technologischen Wettkampf von Ost und West gekennzeichnet. Beispielsweise baute **1965** die Sowjetunion den Vorsprung in der Raumfahrt mit dem ersten Weltraumspaziergang des Kosmonauten Alexei Archipowitsch Leonow aus. Als Reaktion intensivierten die Vereinigten Staaten ihre Bemühungen um die bemannte Mondlandung.

In der Bundesrepublik wurde das Farbfernsehen am 25. August **1967** zur 25. Großen Deutschen Funk-Ausstellung mit der Betätigung eines Tasters durch Vizekanzler Willy Brandt gestartet. In den darauffolgenden Jahren wuchs der jährliche Verkauf auf mehrere Millionen Farbfernseher.

Aber auch die Computertechnik schritt in den 60er Jahren voran. Am 18. Juli **1968** wurde von Gordon E. Moore und Robert Noyce in Kalifornien die Firma Intel gegründet. Das Ziel der Firma war es, Arbeitsspeicher auf Halbleiterbasis zu entwickeln.

Der auf die 50er Jahre zurückgehende Wettkampf zwischen Sowjetunion und USA um die erste Mondladung des Menschen wurde im Zuge der Mission Apollo 11 am 21. Juli **1969**. Um 3:56 Uhr MEZ betrat Neil Armstrong als erster Mensch den Mond. Fünf weitere bemannte Mondlandungen des Apollo-Programms fanden in den folgenden drei Jahren statt.

Entwicklung der Rechnertechnik

Unser Alltag wäre nicht derselbe, wenn nicht in den vergangenen Jahrzehnten die Rechnertechnik soweit fortgeschritten wäre und durch immer neue Innovationen bereichert hätte (vgl. Abbildung 2). Im Jahre 1941 wurde von Konrad Zuse die Zuse Z3 als erster funktionsfähiger Digitalrechner der Welt gebaut. Sie basierte auf elektromagnetischer Relaistechnik mit 600 Relais für das Rechenwerk und 1.400 Relais für das Speicherwerk. Für eine Multiplikation bzw. Division benötigte die Z3 3 Sekunden. [Heri 01] S.478

Aufgrund der Dimensionen der Rechneranlagen war bis in die 70er Jahre die Verwendung des Rechenschiebers das einzige Rechenhilfsmittel für die breite Masse. Erst mit dem ersten technisch-wissenschaftlichen Taschenrechner von Hewlett-Packard (HP-35) im Jahr **1972** begann deren Verbreitung. Im Jahr 1981 entwickelte IBM den ersten Personal Computer (PC), dessen Grundkonzept noch bei heutigen PCs Gültigkeit besitzt. Mit diesem PC begann die Verbreitung von Computern auf Unternehmen und private Haushalte.

Der Bedarf nach Rechenleistung war besonders in der Wissenschaft besonders groß, sodass ein Bedarf nach Supercomputern bestand. Die Firma Cray baute **1976** ihren ersten Supercomputer (Cray-1), der an das Los Alamos National Laboratory geliefert wurde. Erste Anwendungen waren Kernwaffentestberechnungen und Wettervorhersagen.

Aber die Entwicklung ging rasant weiter. In den 90er Jahren folgte die Verbreitung des Internets. Außerdem wurden die Computer immer schneller und kleiner. Diese Entwicklung gipfelt im Jahr **2007** mit dem iPhone 1 und **2010** mit dem iPad 1. Beide Geräte etablierten neue Märkte für Smartphones bzw. Tablet-PCs.

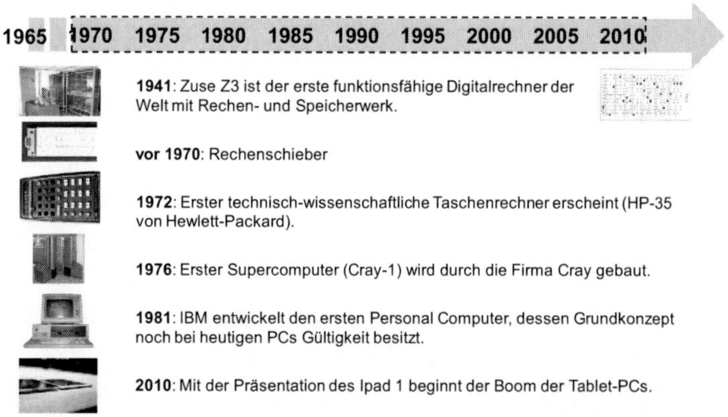

1965　1970　1975　1980　1985　1990　1995　2000　2005　2010

1941: Zuse Z3 ist der erste funktionsfähige Digitalrechner der Welt mit Rechen- und Speicherwerk.

vor 1970: Rechenschieber

1972: Erster technisch-wissenschaftliche Taschenrechner erscheint (HP-35 von Hewlett-Packard).

1976: Erster Supercomputer (Cray-1) wird durch die Firma Cray gebaut.

1981: IBM entwickelt den ersten Personal Computer, dessen Grundkonzept noch bei heutigen PCs Gültigkeit besitzt.

2010: Mit der Präsentation des Ipad 1 beginnt der Boom der Tablet-PCs.

Abbildung 2: Entwicklung der Rechnertechnik

Wirtschaftliche Entwicklung

Die Entwicklung unseres Fachgebiets ist wie kein anderes von der Dynamik der produzierenden Unternehmen abhängig, da unser Forschungsobjekt die industrielle Produktion einschließlich des Menschen darin ist. In den letzten 50 Jahren zeichnete sich die Bundesrepublik Deutschland besonders durch die starke Entwicklung des **Außenhandels** aus (vgl. Abbildung 3, oben links). Hier konnte mehrfach der Titel des Exportweltmeisters gewonnen werden, welcher der Nation mit dem höchsten Warenexport entspricht. Von einigen wenigen Krisen abgesehen, legte der Außenhandel, also sowohl der Im- als auch der Export, jährlich zu. Dabei wurde stets ein Außenhandelsüberschuss erwirtschaftet. Dies unterstreicht zum einen das robuste Wachstum der Weltwirtschaft, zum anderen aber auch die Leistungsfähigkeit deutscher Unternehmen.

Mit Blick auf den Anteil der Industrie an der **Bruttowertschöpfung** zeigt, dass auch in Deutschland wie in den meisten anderen Industrienationen der Anteil zugunsten der Dienstleistung abgenommen hat (vgl. Abbildung 2, oben rechts). Der Rückgang wurde jedoch Mitte der 90er gestoppt und blieb seitdem mit ca. 25 % konstant. Andere europäische Volkswirtschaften, allen voran Frankreich und Großbritannien, konnten diesen Rückgang nicht bremsen und weisen heute einen industriellen Anteil von weniger als 15 % auf, mit den bekannten Folgen für die Beschäftigung.

Beim Ranking des Bruttoinlandsprodukts (BIP) der sieben größten Volkswirtschaften zeigt sich seit den 90er Jahren eine Verschiebung. War bis dahin die Top-5 unverändert, stießen 1995 China und 2000 Indien hinzu. Diese beiden Nationen überholten die deutsche Wirtschaft und konnten im Jahr 2014 den Platz 2 und Platz 3 der Rangfolge einnehmen. Ursache hierfür ist die vergleichsweise sehr hohe Bevölkerungszahl Chinas und Indiens.

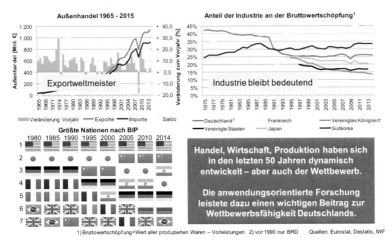

Abbildung 3: Wirtschaftliche Entwicklung Deutschlands im internationalen Vergleich [Euro 15], [Dest 15], [IWF 15]

Zusammenfassend lässt sich feststellen, dass die Dynamik in Handel, Wirtschaft und Produktion in den letzten 50 Jahren hoch geblieben ist und die Wettbewerbsintensität aufgrund der Globalisierung (insbesondere Aufstieg Chinas und Indiens) stark zugenommen hat. Die enge Verzahnung zwischen anwendungsorientierter Forschung und den produzierenden Unternehmen ist zur Sicherung der Wettbewerbsfähigkeit und zur Innovationskraft Deutschlands unverzichtbar. Das Institut für Fabrikbetriebslehre und Unternehmensforschung hat dazu in den vergangenen 50 Jahren mit Innovationen in seinen Forschungsbereichen wichtige Beiträge geleistet.

Institut für Fabrikbetriebslehre und Unternehmensforschung

Ende des 19. Jahrhunderts wurde die Fabrikbetriebslehre unter dem Namen Betriebswissenschaft von technischen Lehrstühlen aus dem Bereich mechanische Technologie und danach aus dem Bereich Werkzeugmaschinen und Fertigungstechnik entwickelt. Später in den 20er Jahren des 20. Jahrhunderts wurde die Fabrikbetriebslehre das Lehr- und Forschungsgebiet der neu gegründeten wissenschaftlichen Disziplin Betriebswirtschaftslehre unter dem Namen „Industriebetriebslehre" von verschiedenen Lehrstühlen aufgegriffen. Der Verein Deutscher Ingenieure sowie der Wissenschaftsrat regten in den 60er Jahren an erneut Lehrstühle für Fabrikbetriebslehre als Fachgebiet zu gründen, welche in die Ingenieurwissenschaften integriert werden sollten und den Einfluss neuer Techniken und Verfahren berücksichtigten. Besonderen Einfluss hatten hierbei die Entwicklung der Datenverarbeitung sowie der Unternehmensforschung (Operations Research). Somit sollte der Bedarf der Industrie nach Ingenieuren mit organisatorischen und betriebswirtschaftlichen Kenntnissen begegnet werden. [Berr 00] S.4

Das Institut für Fabrikbetriebslehre und Unternehmensforschung (IFU) entstand 1965 vornehmlich auf Betreiben des damaligen Direktors des Instituts für Werkzeugmaschinen und Fertigungstechnik (IWF), Prof. Dr.-Ing. Gotthold Pahlitzsch, im Fachbereich Maschinenbau als Abspaltung des IWF. Als erster Lehrstuhlinhaber wurde zum 26. Oktober 1965 o. Prof. Dr.-Ing. Ulrich Berr berufen. Seit der Gründung war bzw. ist das vorrangige Ziel die Forschung sowie die Ausbildung von Studenten der Produktionstechnik in den Bereichen Fabrikbetriebslehre und Unternehmensforschung.

Das Institut für Fabrikbetriebslehre und Unternehmensforschung zeichnete sich bereits seit seiner Gründung durch die Interdisziplinarität zwischen Informatik, Betriebswirtschaft und Organisation sowie einem intensiven Kontakt zur industriellen Praxis, welches sich unter anderem durch den hohen Anteil an externen Studien-, Diplomarbeiten sowie Dissertationen zeigte. Unter der Leitung von Professor Berr gliederten sich die Schwerpunkte des Instituts in die vier Säulen: Fabrikplanung und -einrichtung, Betriebsorganisation, betriebliche Datenverarbeitung sowie Unternehmensforschung. Dabei zeichnete sich das IFU durch den zielgerichteten und praxisnahen Einsatz der EDV aus, um Prozesse mathematisch zu beschreiben, sodass diese algorithmisch verarbeitet werden können. Folgende thematischen Schwerpunkte der Forschungs- und Lehrtätigkeit am IFU wurden unter Prof. Berr bearbeitet [Berr 00] S.5:

- Betriebsorganisation im weitesten Sinne einschließlich der Arbeitsvorbereitung und des industriellen Rechnungswesens
- Planung und Einrichtung von Fabrikanlagen und Verwaltungsbauten
- Angewandte Datenverarbeitung, insbesondere für betriebliche, kommerzielle Zwecke und in Verbindung mit der Büro- und Nachrichtentechnik

- Informationsverarbeitung für rechnerunterstützte (Computer Aided) Techniken, besonders bei betriebsübergreifenden Aufgabenstellungen
- Unternehmensforschung (Operations Research) als mathematisches Hilfsmittel für Planungs- und Entscheidungsvorgänge

Die Schwerpunkte der Forschung im Zeitraum zwischen 1965 und heute haben sich laufend verändert und weiterentwickelt. Waren es anfänglich Themen aus den Bereichen Fabrik- und Investitionsplanung sowie der Produktions- (Fertigungs-) Steuerung, so änderte sich dies im Laufe der Jahre über die Entwicklung umfassender Systeme zur rechnergeführten Arbeitsplanung bis hin zu den Forschungsgebieten jüngerer Zeit, dem Ersatzteil- und Wissensmanagement, den Ansätzen der Digitalen Fabrik, Industrie 4.0 sowie Ganzheitlichen Produktionssystemen und Lean Enterprise sowie der alter(n)sgerechten Arbeitsplatzgestaltung. Durch die enge Zusammenarbeit mit Industriepartnern in allen genannten Bereichen ist eine praxisrelevante Ausrichtung der Forschungs- und Lehraktivitäten gewährleistet.

Seit 1983 sind die meisten Lehrstühle/Institute, welche das Fachgebiet Fabrikbetriebslehre im weitesten Sinne vertreten, in der „Europäischen Hochschullehrergruppe Technische Betriebsführung" (EHTB) zusammengefasst. „Technische Betriebsführung" gilt seitdem als der neue Name für das klassische Fachgebiet Fabrikbetriebslehre unter Einbeziehung neuer Techniken und Verfahren. Im Zuge einer internationalen Vereinheitlichung der Begriffe wurde 1999 die EHTB in „European Academy for Industrial Management" (AIM) umbenannt. Zusätzlich zu der Eingliederung des Instituts in den thematischen Fokus Advanced Industrial Management in der Vertiefungsrichtung Produktions- und Systemtechnik der Fakultät für Maschinenbau umfasst das Lehrangebot des Instituts Vorlesungen für die Studiengänge Wirtschaftsingenieurwesen Maschinenbau, Informatik/Wirtschaftsinformatik sowie für Technologie-orientiertes Management.

In der Übergangszeit von 1995 bis 2000 fungierte Professor Berr bis zum Sommersemester 1996 und danach Professor Hesselbach als kommissarischer Leiter. Besonders in der Zeit von 1993 bis Ende 1998 wurde das Fortbestehen des IFU mehrfach infrage gestellt, da die Studierendenzahlen einbrachen. Aber der unbeirrte Wille von Professor Berr, der Einsatz der wissenschaftlichen Mitarbeiter sowie der rege Zuspruch der Studierenden ermöglichte schließlich das Weiterbestehen des IFU. [Berr 00] S.7 Ab dem 1. Januar 2000 übernahm Univ.-Prof. Dr.-Ing. Uwe Dombrowski die geschäftsführende Leitung des IFU (Abbildung 4).

Prof. em. Dr.-Ing. Ulrich Berr †
Berufung 1965
Emeritus seit 1996

Univ.-Prof. Dr.-Ing. Uwe Dombrowski
Berufung 2000

Nach mehrjähriger Wiederbesetzungsphase wird Univ.-Prof. Dr.-Ing. U. Dombrowski am 01.01.2000 als Geschäftsführender Leiter berufen.

Abbildung 4: Wiederbesetzung des IFU

Heute ist das IFU integraler Bestandteil der produktionswissenschaftlichen Institute der Fakultät für Maschinenbau. Es betreibt anwendungsorientierte Forschung unter Einbindung von Industriebetrieben. Das Forschungsfeld am IFU wird aus den drei Forschungsbereichen Fabrikplanung und Arbeitswissenschaft, Ganzheitliche Produktionssysteme und After Sales Service gebildet (vgl. Abbildung 5). Dabei ziehen sich die Querschnittsfunktionen Informationsmanagement und -systeme, Simulation sowie Geschäftsprozessanalyse und -optimierung durchgängig durch die Forschungsbereiche. Durch die enge Zusammenarbeit mit Industriepartnern in allen genannten Bereichen ist eine praxisrelevante Ausrichtung der Forschungsaktivitäten gewährleistet.

Das IFU erforscht in seinen drei Fachgruppen und Querschnittsfunktionen das Themenfeld des Advanced Industrial Engineering and Management.

Abbildung 5: Fachgruppen und Forschungsfelder des IFU

Nachfolgend werden die Forschungsergebnisse und -felder der drei Fachgruppen im Einzelnen vorgestellt. Zudem wird auf die breite und innovative Lehrtätigkeit des IFU eingegangen.

1.1 Innovationen der Fachgruppe Fabrikplanung und Arbeitswissenschaft

Am IFU wurde ein einheitliches Referenzmodell der Fabrikplanung entwickelt, anhand dessen die Planungsstufen systematisch abgearbeitet werden können. Die ersten drei Stufen Betriebsanalyse (Stufe 1), Grob- und Feinplanung (Stufen 2 und 3) bilden das Grundgerüst für Fabrikplanungsprojekte. Die zeitliche Überschneidung der Stufen beinhaltet eine oft erforderliche simultane Planung. Die Aufgaben des Fabrikplaners enden jedoch nicht mit der Umsetzung der Fabrik (Stufe 4), vielmehr müssen während des gesamten Fabrikbetriebs (Stufe 5) geeignete Tuning- und Anpassungsmaßnahmen durchgeführt werden, um auf die sich stetig ändernden Rahmenbedingungen reagieren zu können. War früher das Lebensende einer Fabrik durch eine Industriebrache gekennzeichnet, so kann heute durch geeignete Nachnutzungs- und Revitalisierungsmaßnahmen (Stufe 6) der Fabriklebenszyklus entscheidend verlängert werden. Die immer kürzer werdenden Innovationszyklen und die damit verbundene sinkende Produktlebenszeit führen zu erhöhtem Entwicklungs- und Planungsaufwand, der in kürzester Zeit bewältigt werden muss. Hieraus resultieren kurze Fabrik- und Produktionsanlagennutzungszeiten und Forderungen nach schnellen, stabilen und steilen Produktionsanläufen sowie nachhaltigen Fertigungs- und Gebäudestrukturen inklusive der Material- und Informationsflüsse sowie der zugehörigen Layouts. Vor diesem Hintergrund beschäftigt sich die Fabrikplanung am IFU mit der Erforschung moderner Fabrikplanungsmethoden und -werkzeuge unter Einbindung des Virtuellen Fabrikplanungs-Labors (VFP-Labor) und dem digitalen IFU-Planungstisch. In diesem Zusammenhang spielt die Digitale Fabrik und die enge Zusammenarbeit mit den Bereichen Arbeitswissenschaft sowie Architektur eine besondere Rolle.

Erste Generation des IFU-Planungstischs

Seit Anfang 2007 steht dem Institut für Fabrikbetriebslehre und Unternehmensforschung (IFU) der TU Braunschweig mit dem Planungstischsystem ein modernes Fabrikplanungswerkzeug zur Verfügung. Durch diesen partizipativen Planungsarbeitsplatz wird die Einbeziehung der Know-how-Träger in die Planung ermöglicht und die Nutzung des Expertenwissens bereits in einer frühen Planungsphase sichergestellt. Mit diesem partizipativen Layoutplanungswerkzeug wird die Einbeziehung der Know-how-Träger, also das Expertenwissen, z. B. aus dem Shop-Floor-Bereich, auch ohne fabrikplanerische Vorkenntnisse ermöglicht. Die verschiedenen Layoutvarianten können mithilfe der eingesetzten Software während der Planung bereits bewertet, untereinander verglichen und weiter optimiert werden.

Die partizipative Layoutplanung stellt neben dem VR-Labor das zweite Kernelement des Virtuellen Fabrikplanungslabors (VFP-Labor) dar. Die verschiedenen Komponenten des stationären und des mobilen Planungstischsystems der ersten Generation wurde von der Arbeitsgruppe Fabrikplanung mit Unterstützung der foresee GmbH und der more3D GmbH in Betrieb genommen. Die Kernelemente des Systems sind die stationäre und mobile Ausführung des InteracTable©, welche durch einen integrierten hochauflösenden Bildschirm in Verbindung mit der Touchscreen-Oberfläche die 2D-Layoutplanung (Schiebelayout) ermöglichen. Durch die Anbindung des mobilen VR-Systems können bereits während der Planung erste dreidimensionale Eindrücke über räumliche Verhältnisse gewonnen werden.

Der IFU-Planungstisch der ersten Generation besteht aus einem TFT-Display (50" für den stationären und 40" für die mobile Ausführung) sowie einem Smartboard-Aufsatz, der durch digitale Kameras und Prozessoren im Rahmen Objekte interaktiv getrackt. Dieser Planungstisch wird durch die mobile VR-Station von more3D zu einem System ergänzt. Das dreidimensionale Bild wird mittels 2 Projektoren mit der entsprechenden Filtertechnik (Infitec und Pol-Filter) erzeugt.

Zweite Generation des Planungstischs

Im Rahmen des Forschungsprojekts T3PAD (Tangible Table Top to Enhance Participation and Development) wurde sowohl der Planungstisch als auch die Software vom IFU weiterentwickelt. Die Weiterentwicklung der Bildschirm- und Touchtechnik machte es möglich einen auf die Anforderungen der partizipativen Layoutplanung zugeschnitten multitouchfähigen Planungstisch zu konfigurieren. Im Rahmen des Projekts wurde eine gestengesteuerte Planungsumgebung geschaffen, die eine intuitive Gestaltung von Layouts ermöglicht. [Domb 10] S.1091/1095 Der IFU-Planungstisch der zweiten Generation besteht aus einem 46"-Display mit einem integrierten Infrarotrahmen von Citron dreaMTouch für die 32-Punkteerkennung der Multitouch-Lösung. Auch hier wurde sowohl eine mobile als auch stationäre Ausführung entwickelt. Beide Ausführungen zeichnen sich durch ein hochwertiges, abgestimmtes Design aus, sodass sich die Planungstische sowohl in eine Büro- als auch Produktionsumgebung integrieren.

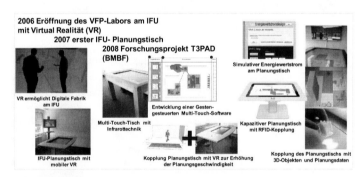

Abbildung 6: Evolution des Planungstisches am IFU

Dritte Generation des Planungstischs

Ende 2014 wurde am IFU im Rahmen einer Industriekooperation mit einem Automobilhersteller der Planungstisch zur dritten Generation weiterentwickelt. Dabei wurde besonders den Anforderungen der Praxis Rechnung getragen, um die bereits sehr gute Akzeptanz in der Praxis noch weiter zu verbessern. Der Planungstisch der dritten Generation besteht aus einem 55" Display (1920x1080 Pixel), welches ein high resolution, kapazitives Multitouchdisplay umfasst. Zudem ist der Tisch aufgrund seiner Höhenverstellbarkeit geeignet, um an die ergonomisch geeignetste Höhe angepasst zu werden. In das Planungstischsystem ist zudem ein RFID-Reader integriert, welcher eine Zuweisung von

Informationen an additiv gefertigte 3D-Objekte ermöglicht. Gegenwärtig wird am IFU ein System entwickelt, welches die Kopplung von physischen Objekten mit den Planungsdaten ermöglicht, um den Layoutplanungsprozess weiter zu vereinfachen und eine intelligente Planungsunterstützung zu ermöglichen.

Innovative Erweiterungen des Planungstischs

Das Ziel der Fachgruppe Fabrikplanung und Arbeitswissenschaft ist es, den Planungstisch für neue Anwendungsfelder weiterzuentwickeln. So ermöglicht die direkte **Kopplung des Planungstischs mit der Virtuellen Realität (VR)** eine simultane Planung am 2D-Layout sowie in der stereoskopischen Umgebung in der VR. Als Ergebnisse können Planungsstände sofort in der VR diskutiert, validiert und verbessert werden. Der Einsatz in zahlreichen Layoutplanungsworkshops mit Praxispartnern hat gezeigt, dass eine höhere Planungsgüte in kürzerer Zeit erreicht wird.

Eine weitere Innovation des Planungstischs stellt die Entwicklung eines eigenen Tools für das simulative **Energiewertstromdesign** dar. Die Energiewertstrommethode ermöglicht die Optimierung des Energieverbrauchs von Wertschöpfungsketten, indem analog der Wertstrommethode der Energieverbrauch einzelner Prozesse aufgeschlüsselt und visualisiert wird. Das simulative Energiewertstromdesign bietet den Mehrwert einer schnellen Erstellung von Varianten und des echtzeitfähigen Datenzugriffs. Analog der partizipativen Layoutplanungsworkshops ist das entwickelte Werkzeug für den Multitouch-Planungstisch konzipiert, sodass verschiedene Fachexperten intuitiv im Rahmen von Workshops am Planungstisch ihr implizites Fachwissen mit einbringen können. [Domb 12a] S.55/58

Nachhaltige Fabrik

Die nachhaltige Fabrik stellt neben der Digitalen Fabrik einen weiteren Schwerpunkt für die Forschungstätigkeit der Fachgruppe dar (vgl. Abbildung 7). Im Bereich der **Nachhaltigkeitszertifizierung** von Fabriken bestand bis vor Kurzem eine Lücke bei der Bewertung von ganzen Industriestandorten. Es existierten nur Zertifizierungsprofile für einzelne Fabrikgebäude und ganze Stadtquartiere. Im Jahr 2012 begann das IFU zusammen mit der Deutschen Gesellschaft für Nachhaltiges Bauen (DGNB) und namhaften Vertretern der deutschen Industrie das **weltweit erste Zertifizierungsprofil für nachhaltige Industriestandorte** zu entwickeln. Durch eine gezielte Kombination vorhandener Zertifizierungsprofile und deren sinnvolle Ergänzung um industriespezifische Kriterien, wie beispielsweise die Qualität des Logistikgesamtkonzepts, konnte bis zum Jahr 2014 ein auf die industriellen Bedürfnisse zugeschnittenes Profil entwickelt werden. Mit dem Nutzungsprofil Industriestandorte sollen Standorte mit überwiegend industrieller Güterproduktion zertifiziert werden, die sich unter ökologischen, ökonomischen, soziokulturellen, technischen und prozessualen Aspekten von bisherigen Entwicklungen abgrenzen. Konzepte zur Verbesserung der Aufenthaltsqualität und zur Kinderbetreuung sowie Einkaufsmöglichkeiten für die Mitarbeiter sind ebenso relevant wie etwa die Themen Ökobilanz und Energietechnik. Die Bildung von Synergien und geschlossenen Kreisläufen zwischen der Industrie und den umgebenden Quartieren ist ein weiteres wichtiges Handlungsfeld nachhaltiger Standortplanung. Neben der Qualität und dem Ressourcenbedarf der Gebäude werden bei dem Nutzungsprofil auch die Freiflächen, Infrastrukturen und die Umgebung berücksichtigt. Denn diese Faktoren beeinflussen maßgeblich die Qualität und die Leistungsfähigkeit eines Industriestandortes und definieren den Rahmen für eine nachhaltige Entwicklung und Nutzung. Die Gebäude selbst werden überwiegend mit Basiswerten in der Bewertung berücksichtigt und müssen für eine Standortzertifizierung nicht zusätzlich zertifiziert werden. Des Weiteren werden in diesem Nutzungsprofil auch Planungs- und Produktionsprozesse berücksichtigt. Hierzu zählen beispielsweise Konzepte für den Umgang mit Energie, Wasser oder Abfall. [Domb 15a] Das Zertifizierungsprofil umfasst fünf verschiedene Nachhaltigkeitsdimensionen, welche 33 Kriterien mit insgesamt 342 Indikatoren beschreiben. Das entwickelte Zertifizierungsprofil ging im März 2014 in die Erstanwendungsphase, sodass mit dem Volkswagen Werk Chemnitz und Werk Zuffenhausen der Porsche AG die ersten Gold-Zertifikate vergeben wurden. [VW 14]

Daneben bearbeitet das IFU seit dem Mai 2015 ein vom Projektträger Jülich (PTJ) und dem Bundesministerium für Umwelt, Naturschutz, Bau und Reaktorsicherheit gefördertes Projekt zur **Integration der Aspekte des Klimawandels in die universitäre Ausbildung von Ingenieuren** (Fkz: 03DAS055). Produzierende Unternehmen sind im besonderen Maße von den Folgen des Klimawandels betroffen. So können beispielsweise Extremwetterereignisse zum Produktionsausfall oder gar zum Zusammenbruch ganzer Lieferketten führen. Eine Anpassung an die Folgen des Klimawandels bzw. die Implementierung präventiver Maßnahmen erfordert ein Bewusstsein sowie umfassendes Wissen in diesem Umfeld. Bei der Ausbildung von Ingenieuren im Gebiet der Fabrikplanung und des Fabrikbetriebs werden die Aspekte des Klimawandels sowie dessen Folgen nicht oder nur am Rande betrachtet. Eine systematische Einbindung in die Ingenieursausbildung, wie es das Projekt KlimaIng zum Gegenstand hat, setzt hier an. Im Rahmen des Projekts wird eine Vorlesung an der TU Braunschweig sowie eine Industrieschulung konzipiert und getestet, welche sowohl Studierende, als auch Fachkräfte aus der Praxis als Zielgruppe haben. Der Praxisbezug wird mit der zu Beginn geplanten Umfrage sichergestellt, welche die Schwerpunkte der Bildungsangebote bestimmt. Durch den Einsatz der innovativen Lehr- und Lernform des problemorientierten Lernens wird neben dem reinen Wissenstransfer ein Bewusstsein geschaffen, um produzierende Unternehmen nachhaltig für die Folgen des Klimawandels zu wappnen. [Domb 14a] S. 337/342; [Domb 14b] S. 23/26

Ein weiteres bedeutendes Forschungsfeld ist die **Befähigung des Oktokopter** als Werkzeug zur Identifizierung von Energieeffizienzpotenzialen. Ziel ist es, mit Hilfe von Thermografieaufnahmen ein dreidimensionales Bild von Fabrikgebäuden zu erzeugen. Diese dreidimensionale Darstellung soll in die VR übertragen werden, um dort eine bessere Analyse von Verluststellen zu ermöglichen.

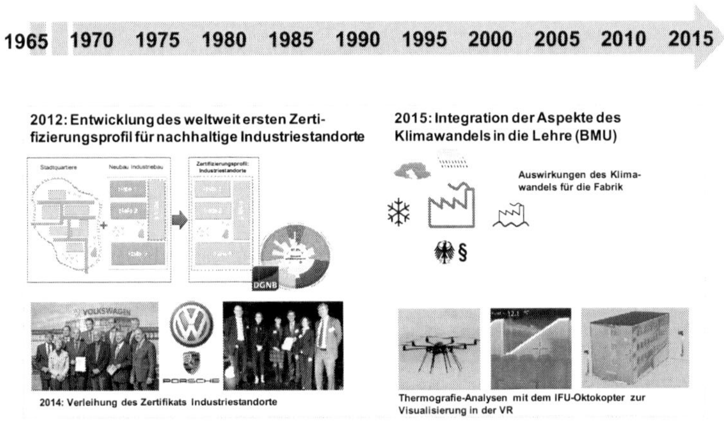

1965 1970 1975 1980 1985 1990 1995 2000 2005 2010 2015

2012: Entwicklung des weltweit ersten Zertifizierungsprofil für nachhaltige Industriestandorte

2015: Integration der Aspekte des Klimawandels in die Lehre (BMU)

Auswirkungen des Klimawandels für die Fabrik

2014: Verleihung des Zertifikats Industriestandorte

Thermografie-Analysen mit dem IFU-Oktokopter zur Visualisierung in der VR

Abbildung 7: Nachhaltige Fabrik

Arbeitswissenschaft

Das Arbeitsgebiet Arbeitswissenschaft beschäftigt sich mit der menschlichen Arbeit und ihren Beziehungen zwischen Arbeitsergebnis und dem arbeitenden Menschen. Das Arbeitsgebiet war bis 2008 ein eigenständiges Institut im Bereich Betriebswirtschaftslehre und wurde aufgrund der Emeritierung von Prof. Kirchner in das IFU integriert. Die wesentlichen Themen in diesem Arbeitsgebiet sind die Arbeits- und Tätigkeitsanalyse, die Beurteilung der menschlichen Arbeit, die menschengerechte Arbeitsplatzgestaltung sowie die Arbeitssicherheit. Darüber hinaus werden ebenfalls die Qualifikation der Menschen, die durch die Arbeit entstehenden Belastungen und die Wirkung der Arbeit auf die Gesundheit des Menschen betrachtet. Im Hinblick auf das Arbeitsergebnis wird der Beitrag des Menschen zur Mengenleistung (Geschwindigkeit zu Dauer), zur Güte (Qualität), zur Zuverlässigkeit und Verfügbarkeit des Systems und zur Sicherheit und Schadensfreiheit des Systems untersucht. Mit der Integration der Arbeitswissenschaft erschließen sich dem IFU neue Potenziale und Synergiemöglichkeiten in Bezug auf die übrigen Forschungs- und Arbeitsgebiete. Das eingerichtete Virtuelle Fabrikplanungs-Labor wird für ergonomische Studien im Bereich der Arbeitsplatz- und Arbeitssystemgestaltung genutzt. Außerdem stellen die Einbindung des partizipativen IFU-Planungstischs zur Arbeitsplatzgestaltung sowie die Anwendung arbeitswissenschaftlicher Methoden bei der Umsetzung von Fabrikplanungsprojekten sowie die alter(n)sgerechte Arbeitsplatzgestaltung für leistungsgewandelte Mitarbeiter weitere Beispiele des starken Bezugs der anderen Forschungs- und Arbeitsgebiete zum Gebiet der Arbeitswissenschaft dar.

Ein besonderer Schwerpunkt des IFU stellt im Anbetracht des demografischen Wandels die alternsgerechte Arbeitsplatzgestaltung dar. Dazu wurde am IFU der **Alterssimulationsanzug AgeMan** des Meyer Hentschel Instituts weiterentwickelt. Der AgeMan ermöglicht jüngeren Menschen, innerhalb weniger Minuten in die Wahrnehmungs- und Erfahrungswelt älterer Menschen einzutauchen. Dazu werden bestimmte Fähigkeiten und Sinneswahrnehmungen (Hörvermögen, Bewegungsfreiheit, etc.) des Menschen durch den Anzug eingeschränkt, indem Bandagen, Brillen oder auch der Tremor-Explorer eingesetzt werden. Im Rahmen von Industrieprojekten wurde eine Methode entwickelt, den

AgeMan bei der partizipativen Gestaltung von alter(n)sgerechten Montagearbeitsplätzen einzusetzen. Diese Methode wurde beispielsweise bei der MAN Truck & Bus AG im Werk Salzgitter erfolgreich eingesetzt und konnte zusätzlich zum dort bereits hohen ergonomischen Standard weitere Potenziale zur Alternsgerechtigkeit bestimmen. Zudem wurden die Sensibilität und das Verständnis der beteiligten Mitarbeiter hinsichtlich Alterserscheinungen gestärkt. [Domb 14c]

Damit das Verständnis der Studierenden für arbeitswissenschaftliche Aspekte verbessert wird, wird ab 2016 ein **AWI-Labor** am IFU eingerichtet, welches beispielsweise die Erkenntnisse durch den AgeMan-Einsatz, einen ergonomisch optimierten Arbeitsplatz sowie verschiedene Geräte zur Bestimmung der Leistungsfähigkeit des Menschen (z. B. Lungenfunktionsgerät) zusammenfasst.

Abbildung 8: Alter(n)sgerechte Arbeitssystemgestaltung

Die Forschungsergebnisse der beiden Arbeitsgebiete der Fachgruppe Fabrikplanung und Arbeitswissenschaft werden ständig in deutschen Fachzeitschriften, internationalen Journals und Konferenzen publiziert. Die Ergebnisse von zwei sehr erfolgreichen öffentlich geförderten Forschungsprojekten wurden als Bücher herausgebracht (vgl. Abbildung 9), damit diese als Leitfaden für die Praxis verwendet werden können. So wurde im Jahr 2011 ein Planungsleitfaden Zukunft Industriebau und im Jahr 2015 das Buch Zukunft. Klinik. Bau.: Strategische Planung von Krankenhäusern veröffentlicht.

Planungsleitfaden Zukunft Industriebau (2011)

Zukunft. Klinik. Bau.: Strategische Planung von Krankenhäusern (2015)

Abbildung 9: Publikationen im Bereich FAW

Aber auch im Rahmen von Fachkongressen werden aktuellste Forschungsergebnisse den Experten aus Wissenschaft und Praxis vorgestellt und mit ihnen diskutiert. Im Jahr 1998 veranstalteten die führenden Institute auf dem Gebiet der Fabrikplanung den ersten Fachkongress Fabrikplanung. Dieser hat sich im deutschsprachigen Raum als bedeutendste Plattform für das Gebiet der Fabrikplanung etabliert, da sowohl Best-Practise-Lösungen aus Industrie und Wissenschaft. Das IFU ist mit Prof. Dombrowski im wissenschaftlichen Fachbeirat vertreten und gleichzeitig Mitveranstalter des Deutschen Fachkongresses Fabrikplanung, welcher am 20. und 21. April 2016 in Ludwigsburg zum 13. Mal stattfindet (vgl. Abbildung 10). Der Fachkongress wurde bisher unter folgenden Titeln veranstaltet:

- Fabrik 2000+ Innovative Fabrikkonzepte der Zukunft
- Fabrik 2000+ Flexible, schnelle und kooperative Fabrikkonzepte
- Fabrik 2005+ Agilität und Produktivität im Fokus"
- Die Fabrik im Spannungsfeld von Wandlungsfähigkeit und Wirtschaftlichkeit
- Fabriken "Made in Germany"
- Fabriken für den globalen Wettbewerb
- Fabrikplanung Schnell - sicher - effizient
- Planung effizienter und attraktiver Fabriken
- Unsere Fabriken fit für die Zukunft machen
- Fabrikplanung - der Weg zur erfolgreichen Fabrik!
- Trends konkret: vom Impuls zur erfolgreichen Umsetzung
- Faszination Fabrikplanung – den Spannungsbogen vom Prozess bis ins Netzwerk meistern
- Schneller Wandel und Aufbruch – Fabrikplanung heute und morgen

Abbildung 10: Fachkongress Fabrikplanung

1.2 Innovationen der Fachgruppe Ganzheitliche Produktionssysteme

Im Themenbereich Ganzheitliche Produktionssysteme wurde mit den Themen Wissensmanagement und integrierte Managementsysteme die Grundlage für den Forschungsbereich gelegt. Diese Themen sind sukzessive zu Ganzheitlichen Produktionssystemen aufgebaut worden. Ganzheitliche Produktionssysteme haben zum Ziel, einen Wert für den Kunden zu generieren, ohne Ressourcen zu verschwenden. Dieses Ziel soll insbesondere durch die Verbesserung der organisatorischen Prozese eines Unternehmens erreicht werden. „Ein GPS bildet ein unternehmensspezifisches, methodisches Regelwerk für die kontinuierliche Ausrichtung sämtlicher Unternehmensprozesse am Kunden, um die von der Unternehmensführung vorgegebenen Ziele zu erreichen." [VDI 2870] S. 2 Verfolgt werden hierbei stets ganzheitliche Ansätze, wobei die Führungskräfte und Mitarbeiter sowie deren Verhalten wichtige Erfolgsfaktoren für den nachhaltigen kontinuierlichen Verbesserungsprozess darstellen.

In der Forschung wurden Projekte zu GPS unter besonderen Rahmenbedingungen von kleinen und mittleren Unternehmen (KMU), zu Wissensmanagement in GPS sowie zur Prozessorientierung von Unternehmen durchgeführt.

Ganzheitliche Produktionssysteme für KMU

Im Projekt Verbundprojekts „Produktions- und Organisationsflexibilisierung im Life Cycle - ProfiL" mit der besondere Zielgruppe Kleinunternehmen ging es u.a. darum, theoretische und in der Praxis angewendete Produktions- und Organisationsmethoden auf ihre Umsetzbarkeit in KMU zu überprüfen und neue KMU-gerechte Methoden daraus abzuleiten. In enger Kooperation zwischen sechs Kleinunternehmen und drei Forschungsinstituten wurde im Verbundprojekt ProfiL ein ganzheitliches Konzept entwickelt, das die Besonderheiten kleiner Unternehmen berücksichtigt und einen Handlungsrahmen für einen umfassenden

Modernisierungsprozess bereitstellt. Dabei setzt das entwickelte Konzept auf eine Durchgängigkeit von der Unternehmensstrategie bis hin zur Gestaltung und Lenkung einzelner Maßnahmen. Die Konzentration auf eine strategische Ausrichtung von Maßnahmen zur Modernisierung erlaubt dabei eine zielgerichtete Verbesserung der Wettbewerbsfähigkeit von KMU und stellt somit einen Beitrag zur Stärkung der deutschen Wirtschaft dar. [Domb 09a]

Wissensmanagement im Ganzheitlichen Produktionssystem

Im DFG-Forschungsprojekt „Entwicklung eines dezentralen Wissensmanagements zur Unterstützung der Einführung von Ganzheitlichen Produktionssystemen" war die Zielsetzung die Entwicklung einer Methode zur Entscheidungsunterstützung bei der Auswahl von Wissensmanagementmethoden. Hierfür wurden die Wissensflüsse bei GPS-Einführungen untersucht, um das Konzept des dezentralen Wissensmanagements auf die GPS-Einführung zu übertragen. Mithilfe des dezentralen Wissensmanagements wurden Identifikation, Erwerb, Entwicklung, Verteilung, Nutzung, Bewahrung und Bewertung von Wissen methodisch begleitet, wodurch eine nachhaltige GPS-Einführung begünstigt wird. Ziel des Forschungsvorhabens war es daher, allen Mitarbeitern einen dezentralen Zugang zu systematischem Wissensmanagement zu bieten. Um dies zu erreichen, müssen Methoden im dezentralen Wissensmanagement ohne Vorkenntnisse anwendbar sein. [Domb 11], [Domb 12b]

Prozessorganisation in deutschen Unternehmen

Im Rahmen einer empirischen Studie gefördert durch die gfo-Gesellschaft für Organisation e. V. wurde eine Studie zum Thema „Prozessorganisation in deutschen Unternehmen" durchgeführt. Dabei wurden die Unternehmen hinsichtlich ihres Umsetzungsstand der Prozessorganisation in allen Unternehmensbereichen und –ebenen befragt. Die zentralen Ergebnisse sind im Folgenden kurz zusammengefasst.

Die erste Kernfrage thematisiert den aktuellen Stand der Umsetzung der Prozessorganisation in deutschen Unternehmen und fragt nach den Faktoren, von denen diese abhängt. Das Fazit dieser Fragestellung lautet, dass die Prozessorganisation bisher nur in geringem Maße in deutschen Unternehmen umgesetzt wird. Dabei ist der Umsetzungsgrad der Prozessorganisation in kleinen und mittleren Unternehmen höher als in Großunternehmen. Darüber hinaus wurde deutlich, dass sich die disziplinarische Mitarbeiterzuordnung überwiegend an Funktionen orientiert.

Innerhalb der zweiten Kernfrage wurden die größten Hindernisse und Erfolgsfaktoren der Prozessorganisation betrachtet. Die Auswertung verdeutlicht, dass die Dominanz funktionsbezogener Subkulturen das größte Hindernis der erfolgreichen Umsetzung der Prozessorganisation darstellt. Darüber hinaus zeigte sich bei der Betrachtung der Hindernisse sowie Erfolgsfaktoren der hohe Einfluss der der obersten Leitung.

Inwiefern die Prozessorganisation wichtige Bewertungskriterien beeinflusst, wurde in der dritten Kernfrage beantwortet. Die Studie hat den bereits beschriebenen hohen Nutzen unterstrichen. Die Teilnehmer haben durchgängig den Einfluss der Prozessorganisation auf die verfolgten Zielgrößen im Unternehmen als hoch bewertet. Dabei bestehen grundsätzlich keine Unterschiede in Abhängigkeit der Unternehmensgröße oder Branche der Unternehmen. [Domb 15b]

Zurzeit und in Zukunft wird die Fachgruppe Ganzheitliche Produktionssysteme zu dem Thema einer Ausweitung des GPS auf das gesamte Unternehmen, dem Lean Enterprise, forschen. Dabei werden die Wechselwirkungen mit der Industrie 4.0 stets als Teil des Lean Enterprises mit berücksichtigt. [Domb 15c], [Domb 15d] Darüber hinaus werden die Lieferanten in die Bestrebungen des Lean Development integriert, um auch diese Potenziale heben zu können. Zu diesem Thema ist ein Forschungsprojekt im Jahr 2015 gestartet.

Lieferantenintegration im Lean Development

Damit Lean Development seine volle Wirksamkeit entfalten kann, müssen alle Partner im Wertschöpfungsnetzwerk nach den gleichen Prinzipien und Methoden arbeiten. Diese müssen auf die jeweiligen Rahmenbedingungen abgestimmt werden. Insbesondere für Hersteller, die nach den Prinzipien des Lean Development Produkte entwickeln, ist die frühe und aktive Einbindung der Lieferanten notwendig, um Effekte in der ganzen Wertschöpfungskette erzielen zu können. Dies wird bislang allerdings nur unzureichend umgesetzt, sodass keine Einbindung der Lieferanten sowie Effekte über die ganze Wertschöpfungskette entstehen. Jedoch können durch eine engere Einbindung vor allem für kleine und mittlere Lieferanten Vorteile entstehen, wie Mitbestimmung im Produktentstehungsprozess sowie Einflussnahme auf Lastenhefte und wesentliche Produktmerkmale. Zudem können Lieferanten im Sinne des Komplexitäts- und Variantenmanagements Einfluss auf die Produktgestaltung sowie Optimierung zu nehmen. Somit können hohe Investitionen für neue Maschinen und Anlagen vermieden werden, welche kleine und mittlere Lieferanten nicht immer realisieren können.

VDI-Fachausschuss 201: Ganzheitliche Produktionssysteme

Ab 2007 wurde mit der Gründung des VDI Fachausschusses 201 „Ganzheitliche Produktionssysteme" zusätzlich ein Industriestandard erarbeitet, der in der Richtlinie VDI 2870 Blatt 1 und 2 im Jahr 2012 veröffentlicht ist. Im Blatt 1 wurde der strukturelle Teil des Ganzheitlichen Produktionssystems beschrieben und erläutert. Neben der Beschreibung sind auch detaillierte Hinweise zur Einführung und Bewertung von Ganzheitlichen Produktionssysteme Inhalt der VDI 2870 Blatt 1. Im Blatt 2 wurden daraufhin Methoden des Ganzheitlichen Produktionssystems mittels strukturierter Methodenblätter beschrieben.

Seit dem hat sich der Fachausschuss mit dem Thema Führung intensiv auseinandergesetzt. Im Jahr 2016 wird dazu die Richtlinie 2871 erscheinen, die zurzeit im Gründruck in der Einspruchsphase einsehbar vorliegt.

Industriearbeitskreis: Lean Development

Lean Development (LD) ist notwendig, um die Effektivitäts- und Effizienzsteigerungen im Produktentstehungsprozess bei Unternehmen erreichen zu können. Nachdem produzierende Unternehmen bereits häufig Ganzheitliche Produktionssysteme für die Produktionsbereiche eingeführt haben, gerät auch der vorgelagerte Produktentstehungsprozess vermehrt in den Fokus der Verbesserungsmaßnahmen. Verbesserungsmaßnahmen im Produktentstehungsprozess haben zum Ziel die Qualität des Produktes sicherzustellen, die Zeit bis zum Start of Production zu reduzieren sowie die Kosten für die Produktentstehung zu minimieren. Ausgerichtet an den Unternehmenszielen werden im Lean Development strukturiert Gestaltungsprinzipien, Methoden und Werkzeuge zur Verfügung gestellt. Zahlreiche Studien zeigen den hohen Nutzen von Lean Development. Trotz dieses Nutzens ist die Verbreitung von Lean Development verbesserungswürdig.

Diese Ausgangssituation hat das Institut für Fabrikbetriebslehre und Unternehmensforschung veranlasst, im Jahr 2011 einen Arbeitskreis zu gründen. Mit Industriepartnern wurde in diesem Arbeitskreis ein Leitfaden für die Einführung von Lean Development entwickelt.

Lean Hospital

Die Idee des Ganzheitlichen Produktionssystems ist nicht auf die Produktion beschränkt. Diese Entwicklung ist in der Forschungsrichtung Lean Hospital zu sehen. Erste Praxisanwendungen zeigen den hohen Nutzen den Krankenhäuser von der Nutzung der Methoden des GPS haben können. [Domb 14d]

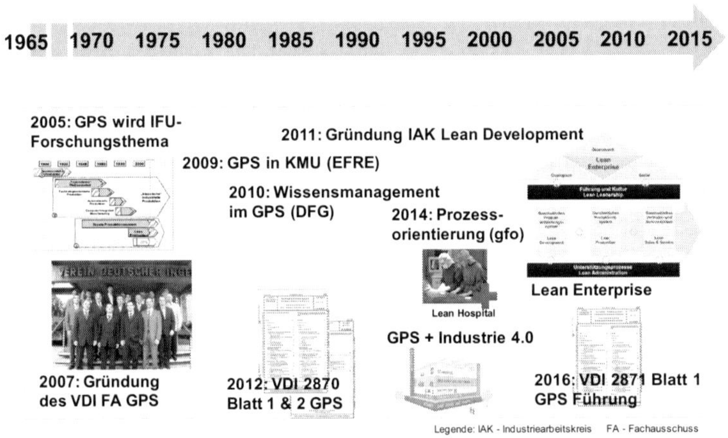

Abbildung 11: Erforschung Ganzheitlicher Produktionssysteme

Ein wesentlicher Bestandteil zur Qualitätssicherung am Institut ist das Qualitätsmanagement. Mit der Entwicklung und Nutzung rollenbasierter Dokumentenlenkungssysteme wird vorhandenes Wissen in der Organisation auch für nachfolgende Generationen langfristig gesichert festgehalten. Mit diesem rollenbasierten Dokumentenlenkungssystem ist die Basis für die Zertifizierung der Prozesse vom IFU nach der ISO 9001: 2000 und ab 2008 der ISO 9001: 2008 geschaffen worden. [Domb 05a] In diesem Jahr ist erstmals das IFU mit dem ISO-Zertifikat 29990 für die Qualität der Lehrprozesse ebenfalls nach TÜV Kriterien zertifiziert. Damit ist das IFU Vorreiter in der Sicherstellung der Prozesssicherheit sowohl in den Geschäftsprozessen wie auch in den Lehrprozessen.

1965 1970 1975 1980 1985 1990 1995 2000 2005 2010 2015

2005: IFU wird nach
ISO 9001: 2000 zertifiziert

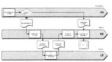

Entwicklung und Nutzung des rollenbasiertes Dokumentenmanagementsystems als Basis der Qualitätssicherung

2008: IFU wird nach
ISO 9001: 2008 zertifiziert

2015: IFU wird nach
ISO 29990:2010 zertifiziert

Abbildung 12: Qualitätsmanagement am IFU

Die Forschungsergebnisse sind kontinuierlich in zahlreichen Veröffentlichungen auf Konferenzen und in Journals erschienen. Drei große Forschungsthemen haben das Potenzial für Buchveröffentlichungen gegeben. Diese Bücher sind im Springer Verlag erschienen, die die Themen Modernisierung kleiner und mittlerer Unternehmen, Ganzheitliche Produktionssysteme wie auch das Thema Lean Development grundlegend diskutieren und aktuellste Entwicklungen in der Forschung wie auch in der Praxis darstellen. Insbesondere für die beiden Bücher GPS und Lean Development haben sich zahlreiche Industrievertreter bereit erklärt einen Beitrag zu verfassen, um so einen Einblick in die deutschen Industrieunternehmen zu gewähren.

Die Idee zum **Buch Ganzheitliche Produktionssysteme** entstand im Rahmen des VDI-Fachausschusses 201: Ganzheitliche Produktionssysteme, der die Richtlinie VDI 2870 ausgearbeitet hat. Trotzdem die entstandene Richtlinie sehr umfangreich ist, kann sie nur einen Bruchteil der Erkenntnisse umfassen, die in den letzten Jahren zum Thema GPS gesammelt wurden. Vor allem der Beschreibung der Gestaltungsprinzipien und ihrer Wechselwirkungen konnte im Rahmen einer Richtlinie nicht ausreichend Platz eingeräumt werden.

Ziel dieses Buchs ist es, einen umfassenden Einblick in das Thema Ganzheitliche Produktionssysteme und dessen zahlreiche Facetten in den unternehmensspezifischen Ausprägungen zu geben.

Im ersten Kapitel wird ausgehend von der handwerklichen Produktion über Taylor und Ford die historische Entwicklung bis zum GPS beschrieben. Im zweiten Kapitel erfolgt eine umfassende Beschreibung der Gestaltungsprinzipien von GPS, die jeweils mit Beispielen aus renommierten Industrieunternehmen veranschaulicht werden. Das Kapitel orientiert sich an der VDI-Richtlinie 2870 und stellt sowohl die dort aufgezeigte Struktur als auch die Methoden vor. In Kapitel 3 wird die Einführung von GPS beschrieben. Hierfür wird auf typische Hindernisse, Einführungsphasen, Aufbauorganisation, Regelung der Einführung und das angemessene Change Management eingegangen. Das vierte Kapitel widmet sich GPS in indirekten Bereichen und beschreibt die erforderlichen Unternehmensbereiche am Beispiel von Lean Development, Lean Service, Lean Administration und Lean Leadership. Im fünften Kapitel werden Ergänzungen und Weiterentwicklungen zu GPS vorgestellt. Das sechste

Kapitel gibt einen Ausblick, wie das GPS zukünftig zu einem Lean Enterprise weiterentwickelt werden könnte.

Das **Buch Lean Development** ist basierend auf den Arbeiten im Arbeitskreis Lean Development entstanden. Im Jahr 2011 hat das Institut für Fabrikbetriebslehre und Unternehmensforschung einen Arbeitskreis gegründet. Mit Industriepartnern wurde in diesem Arbeitskreis ein Leitfaden für die Einführung von Lean Development entwickelt. Ziel des Buches ist es, Lean Development umfassend zu erläutern und Unternehmen bei der Lean Development Einführung zu unterstützen. Im ersten Kapitel werden ausgehend von den Wurzeln des Lean Development die historische Entwicklung und die Verbreitung von Lean Development beschrieben. Im zweiten Kapitel erfolgt eine umfassende Beschreibung der Gestaltungsprinzipien von Lean Development, die jeweils mit Beispielen aus renommierten Industrieunternehmen veranschaulicht werden. Dabei werden zunächst Grundlagen des Gestaltungsprinzips beschrieben, woraufhin die Methoden und Praxisbeispiele dargestellt werden. In Kapitel 3 wird die Einführung von Lean Development beschrieben. Dabei werden auf den Ablaufplan, die Führung und Kultur, aufbauorganisatorische Aspekte, eine regelkreisbasierte Einführungsmethodik sowie Kennzahlen Bezug genommen. Abschließend werden Hindernisse und Maßnahmen bei der Lean Development-Einführung beschrieben. Im vierten Kapitel wird ein Ausblick zu den Themen Lean Design und der Lieferantenintegration vorgestellt.

Modernisierung kleiner und mittlerer Unternehmen (2009)

Ganzheitliche Produktionssysteme (2015)

Lean Development (2015)

Abbildung 13: Publikationen im Bereich GPS

Das Braunschweiger Symposium für Ganzheitliche Produktionssysteme hat sich zu einer festen jährlichen Veranstaltung zur Vorstellung und Diskussion aktuellster Entwicklungen im Bereich Ganzheitlicher Produktionssysteme entwickelt. Bereits zum achten Mal findet in diesem Jahr das Symposium statt. Die Themen des Symposiums orientieren sich dabei stets an den Interessen von Forschung und Praxis, sodass ein reger Austausch zwischen Vortragenden und Gästen entstehen kann. Themen der bisherigen Symposien waren:

- Standards als Voraussetzung einer erfolgreichen GPS-Implementierung
- „Yes, we can" – Potenzialen der Krise erschließen durch Ganzheitliche Produktionssysteme
- Anwendung von Ganzheitlichen Produktionssystemen in der Produktentstehung und in dienstleistenden Unternehmen

- GPS- Quo vadis? Wohin führt der Weg nach der Krise?
- Von den Besten lernen – GPS-Erfolgsgeschichten
- Lean Enterprise – Der Weg zur Business Excellence
- GPS 2020 – Aktuelle Herausforderungen und Innovationspotenziale der Zukunft
- Vom Projekt zur nachhaltigen Verankerung – Führung und Kultur im Fokus

Seit 2008 veranstaltete das IFU das Braunschweiger Symposium für Ganzheitliche Produktionssysteme.

Abbildung 14: Braunschweiger Symposium für GPS

1.3 Innovationen der Fachgruppe After Sales Service

Der After Sales Service gewinnt für produzierende Unternehmen zunehmend an Bedeutung. Gründe für diese Zunahme sind unter anderem, dass Dienstleistungen des After Sales Services ein positives Differenzierungsmerkmal oder sogar ein Alleinstellungsmerkmal im Wettbewerb darstellen. Ein hervorragender produktbegleitender Service ist daher aus Kundensicht ein gewichtiges Kaufargument. Zudem stellt der Bereich des After Sales Services eine wichtige Grundlage für hohe Erträge und Renditen eines Unternehmens dar. Dies lässt sich an der Tatsache erkennen, dass der produktbegleitende Service zwar nur 20 Prozent des Umsatzes von Unternehmen (beispielsweise in der Automobil- oder Maschinenbauindustrie) ausmacht, aber für 80 Prozent der Gewinne eines Unternehmens verantwortlich ist. [Rola 14] S. 4/7

Abbildung 15: Forschungsprojekte im After Sales Service

Daher können die angebotenen Dienstleistungen die schrumpfenden Margen im Primärprodukt-Geschäft ausgleichen. Zum After Sales Service gehören die Teilbereiche Kundendienst, Teiledienst (oder Ersatzteilversorgung) und Zubehörgeschäft. Die Arbeitsgruppe After Sales Service verfolgt aktuell die Forschungsgebiete Ersatzteilmanagement, Lean Service und zukunftsfähiger After Sales Service (vgl. Abbildung 15).

Bereits im Jahr 2002 wurde das DFG-Forschungsprojekt „**Entwicklung von Strategien zur Ersatzteilversorgung im Nachserienbedarf**" begonnen und somit der Teiledienst als einer der drei Teilbereiche des After Sales Service systematisch untersucht. Hierbei wurden die komplexen Zusammenhänge innerhalb der Supply Chain der Ersatzteilversorgung, in Ergänzung zu der bisher gut erforschten Supply Chain der Primärprodukte, einer fundierten wissenschaftlichen Betrachtung unterzogen. Durch eine erweiterte Lebenszyklusbetrachtung der Supply Chain können erhebliche Optimierungspotenziale genutzt werden. Hierbei ist vor allem auf die Gefahr von Bauteilabkündigungen elektronischer Komponenten in einem frühen Stadium des Produktlebenszyklus zu achten, da für besonders für diese Teile Ersatzteilstrategien und -szenarien entwickelt werden müssen, um der Lieferverpflichtung in der Nachserienphase nachkommen zu können. [Domb 05b] S. 125/129, [Domb 07] S. 1563

Darüber hinaus wurde im Zeitraum von 2007 bis 2010 das DFG-Forschungsprojekt „**Entwicklung einer ganzheitlichen Methodik zur Unterstützung der logistikgerechten Produktentwicklung in der Automobilindustrie**" durchgeführt. In diesem Projekt wurde eine Methodik erarbeitet, mit der die Anforderungen der Logistik bereits in der Produktentwicklung berücksichtigt werden können, die Logistikgerechtheit verschiedener Produktentwürfe bewertet und miteinander objektiv verglichen werden kann und Maßnahmen zur Verbesserung der Logistikgerechtheit angeboten werden. Ähnliche Ansätze existierten bereits für den Bereich der fertigungsgerechten Produktentwicklung, sodass in dem Forschungsprojekt auch untersucht wurde, wie diese Ansätze und die dazu existierenden Tools auf die logistikgerechte Produktentwicklung zu übertragen sind. Hierbei wurde deutlich, dass die Logistikgerechtheit wesentlich mehr Kriterien einbezieht, als beispielsweise die Fertigungsgerechtheit. Neben der Beschaffungs-, Produktions-und Distributionslogistik muss auch die Entsorgungslogistik betrachtet werden. Diese methodische Bewertung von Produktentwürfen umfasst die Bewertung der Produktentwürfe anhand der logistischen Kriterien, aber auch eine Gewichtung dieser Kriterien nach Produkt- und unternehmensspezifischen Gesichtspunkten. Die Kriterien wurden dabei aus den verschiedenen Disziplinen der Logistik abgeleitet und umfassen den gesamten Lebenszyklus eines Produkts von der Produktion über die Bevorratung und Versorgung mit Ersatzteilen und die Entsorgung nach dem Lebensende. [Domb 08] S. 750/754, [Domb 09b] S. 220/225

In dem Forschungsprojekt „**Bedarfsregelkreise für ein globales MRO-Ersatzteilmanagement**" (2012-2014) wurden ideale prozess- und ablauforganisatorischer Regelkreise für eine optimale Ermittlung von Materialbedarfen als kritischer Eingangsparameter der Planung einer globalen Geräteversorgung entwickelt. Dieses Forschungsprojekt wurde in Zusammenarbeit mit einem Luftfahrtinstandhaltungsunternehmen durchgeführt, welches global tätig ist. Eine wesentliche Grundlage einer optimalen Bestandsplanung stellt die Qualität der hierfür genutzten Eingangsparameter, insbesondere die Berechnung der eigentlichen Materialbedarfe der jeweiligen Kunden, dar. Mit Bedarfen sind hierbei einerseits die Planbedarfe und andererseits die Ist-Bedarfe in Form von Gerätewechseln gemeint. Die Planbedarfe sind dabei aus den Eingangsparametern Flugstunden, Einbaumengen, der Zeit zwischen (ungeplanten) Gerätewechseln und den Einbauwahrscheinlichkeiten zu prognostizieren. Für die korrekte Vorausberechnung dieser Parameter sind die historischen Planbedarfe laufend mit den tatsächlich aufgetretenen Bedarfen durch Regelkreise abzugleichen und dabei simultan alle relevanten Parameter optimal einzustellen. [Domb 14e] S. 46/48

Zukünftig wird der Schwerpunkt der Arbeitsgruppe auf die Übertragung von Gestaltungsprinzipien Ganzheitlicher Produktionssysteme auf den After Sales Service mit Fokus auf den Kundendienst als weiterer Teil des After Sales Service gelegt werden. Hierzu wird ab Oktober 2015 das Forschungsprojekt „**Systematische Adaption der Gestaltungsprinzipien Ganzheitlicher Produktionssysteme auf den After Sales Service zur Kundenfokussierung und Verschwendungsreduzierung**" durchgeführt, welches von der DFG für drei Jahre bewilligt wurde. Für die Erarbeitung eines Lean Service Systems im Rahmen der Lean Enterprise wurden am IFU bereits schon Vorarbeiten geleistet, wie beispielsweise die Grobbewertung der Einsatzmöglichkeiten von Gestaltungsprinzipien Ganzheitlicher Produktionssysteme im After Sales Service [Domb 14f] S. 618/625. Weitere Forschungsschwerpunkte am IFU im Rahmen der Arbeitsgruppe After Sales Service sind unter anderem Completely-Knocked-Down-Verfahren, Servicedifferenzierung, Einsatzmöglichkeiten der Industrie 4.0 im After Sales Service sowie die Ermittlung des Einflusses der Elektromobilität auf den Automotive After Sales Service.

„Life Cycle Lab"

Im Rahmen des Forschungsschwerpunktes **„Lebenszyklusorientiertes Ersatzteilmanagement"** am IFU bilden elektronische Komponenten im Automobil einen Schwerpunkt der Betrachtungen.

Der steigende Anteil der Elektronik, in aktuellen Fahrzeugen der Oberklasse bis zu 45 % der Herstellkosten, zeigt die steigende Bedeutung dieses Themas.

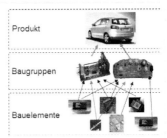

Inhalt des Labors:

- Visualisierung des Problemfeldes „Elektronik im Automobil"
- Untersuchung und Analyse elektronischer Steuergeräte
- Analyse der Bauteile
- Ganzheitliche Betrachtung der Supply Chain über den Lebenszyklus
- Sensibilisierung für Bedarfsprognose von elektrischen Bauteilen während der Nachserienversorgungspflicht

Abbildung 16: Das „Life Cycle Lab" am IFU

Um den Teilbereich des After Sales Service, das Ersatzteilmanagement beziehungsweise der Teiledienst, anschaulich und plakativ darzustellen, wurde am IFU das Life-Cycle-Labor eingerichtet (vgl. Abbildung 16). Das Life-Cycle-Labor verdeutlicht das Problemfeld der Nachserienversorgung anhand eines praktischen Beispiels. Dabei werden die konkreten Herausforderungen, die sich bei einem Standard-Pkw (Golf V) ergeben, herausgearbeitet und visualisiert. Hierzu wurde ein Golf V demontiert und alle elektronischen Komponenten analysiert und entsprechende Datenblätter entwickelt. Diese stellen die Vielzahl an elektrischen Komponenten anschaulich und unterstreichen die Problematik der Nachserienversorgung vor dem Hintergrund der zunehmenden Anzahl elektronischer Komponenten im Automobilbau.

Das Life-Cycle-Labor richtet sich nicht nur an Studierende, sondern auch an Vertreter aus Wirtschaft und Forschung. Hierdurch wird eine Verbindung der Bereiche Lehre, Praxis und Forschung gewährleistet. In der Lehrveranstaltung „Life Cycle Labor" soll eine Fallstudie mit dem Schwerpunkt lebenszyklusorientiertes Ersatzteilmanagement mit praktischem Hintergrund behandeln. Kooperiert wird hierbei mit wechselnden Unternehmen aus der Region, sodass der praktische Bezug der Arbeit gewährleistet wird. Neben der Erarbeitung möglicher Szenarien für den Nachfrageverlauf im Rahmen einer Fallstudie sollen die betreffenden Bauteile im Life Cycle Labor analysiert werden. Kritische Komponenten sind zu identifizieren und Strategien für eine Langzeitversorgung festzulegen. Auf diese Weise sollen die Teilnehmer für die Problematik der Ersatzteilversorgung, insbesondere elektronischer Komponenten, sensibilisiert werden.

Der After Sales Service gewinnt für produzierende Unternehmen aufgrund seiner hohen Renditen sowie der stabilen Entwicklung bei Gewinn und Umsatz zunehmend an Bedeutung. Jedoch stehen Kunden- und Teiledienst neuen Herausforderungen gegenüber, wie zum Beispiel einem verschärften Wettbewerb aufgrund neuer Marktteilnehmer oder einer Liberalisierung des Marktes durch den Gesetzgeber. Daher müssen Unternehmen ihre

Strategien und Geschäftsmodelle frühzeitig an diese Herausforderungen anpassen, um auch in Zukunft erfolgreich am Markt agieren zu können. Die Deutsche Fachkonferenz After Sales Service steht seit der ersten Veranstaltung im Jahr 2010 unter dem Motto „Vom Kundenwunsch zum Serviceversprechen". Im Rahmen der Konferenz werden aktuelle Beiträge aus Wissenschaft und Praxis präsentiert (vgl. Abbildung 17). Themen der letzten Jahre waren zum Beispiel:

- Kundenorientierte Servicekonzepte
- Bewältigung neuer Anforderungen durch neue Technologien
- Internationalisierung im After Sales Service
- Herausforderung: „Design for Service" umsetzen
- Neue Geschäftsmodelle: Mehr Leistung im After Sales Service
- Industrie 4.0: Digitalisierung des Services

Neben den Fachbeiträgen bietet diese Veranstaltung die Möglichkeit, Erfahrungen mit Experten aus unterschiedlichen Branchen auszutauschen.

Das IFU veranstaltet bereits den 6. Fachkonferenz After Sales Services.

Abbildung 17: Deutscher Fachkongress After Sales Service

1.4 Innovationen in der Lehre

Die Lehre ist am IFU neben der Forschung und der Praxis der dritte gleichwertige Kernprozess. Diesem Sachverhalt wird auch in der strategischen Institutsausrichtung Rechnung getragen. Langfristig sollen die thematischen Inhalte und Erkenntnisse der Arbeitsgebiete Fabrikplanung und Arbeitswissenschaft, Ganzheitliche Produktionssysteme und After Sales Service auch in den Lehrveranstaltungen vertreten werden. Auf diese Weise werden die Erkenntnisse des IFU in die wissenschaftliche Ausbildung der Studierenden getragen. Es ist darüber hinaus das Anliegen, die praktische Relevanz und den Nutzen unserer Lehrveranstaltungen durch die Einbindung von Praxisbeiträgen in Zusammenarbeit mit Industriepartnern sicherzustellen.

Bei Betrachtung der verschiedenen Kompetenzanforderungen, welche an Absolventen der Ingenieurwissenschaften gestellt werden, sind neben fachlichen zunehmend auch überfachliche Kompetenzen von Bedeutung. Diese überfachliche Kompetenzentwicklung ist in das Studium fest zu verankern, um Ingenieursabsolventen bestmöglich auf das Berufsleben vorzubereiten. Bisher kommt die Hochschullandschaft dieser Anforderung allerdings nur unzureichend nach. [Heys 14] S. 201/212, [Bral 10] S. 34 Um dieser gestiegenen Anforderung nach erstklassiger fachlicher und überfachlicher Kompetenz Rechnung zu tragen, basiert die Wissensvermittlung am IFU auf drei Schritten (vgl. Abbildung 18). In der Vorlesung wird theoretisches und praxisnahes Wissen vermittelt, welches im Rahmen von Laboren vertieft wird. Die Labore sind Lehrveranstaltungen in denen praktische Aufgaben und Anwendungen spielerisch vermittelt werden. Dabei erfolgt eine Anwendung und Vertiefung des Methodenwissens im Rahmen von Teamarbeit. Der dritte Schritt sind die Praxiseinsätze in Unternehmen. Sie dienen der Evaluierung der Fähigkeit im Unternehmen und aus der Übernahme von Verantwortung sowie dem Coaching durch Führungskräfte. Nachfolgend wird die Umsetzung der drei Schritte am IFU näher erläutert.

Abbildung 18: Dreistufiges Konzept zur Kompetenzvermittlung

1. Vorlesungen

Gegenstand der Aktivitäten in Lehre, Forschung und Praxis am IFU ist das Advanced Industrial Engineering and Management. Abbildung 19 zeigt die wesentlichen Funktionen eines technischen Betriebes, so wie sie in den meisten Industriebetrieben wiederzufinden sind. Das Vorlesungskonzept am IFU orientiert sich an diesem Modell und soll die Grundlagen der betrieblichen Aktivitäten in den einzelnen Funktionen vermitteln.

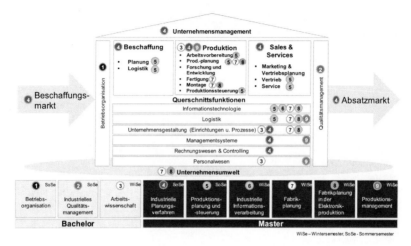

Abbildung 19: Das Vorlesungskonzept am IFU

Das IFU bietet im Bachelor die Vorlesungen Betriebsorganisation, Industrielles Qualitätsmanagement sowie Arbeitswissenschaft an. Diese bilden das Fundament für die weiterführenden Veranstaltungen im Master. Im Master werden vertiefte Kenntnisse zu folgenden Themen vermittelt: Industrielle Planungsverfahren, Produktionsplanung und -steuerung, Industrielle Informationsverarbeitung, Fabrikplanung, Fabrikplanung in der Elektronikproduktion und Produktionsmanagement vermittelt.

Sechs der vom IFU angebotenen Vorlesungen sind dabei bereits seit Antritts Professor Dombrowski integraler Bestandteil des ingenieurswissenschaftlichen Studiums. Im Jahr 2006 wurde mit der Vorlesung „Fabrikplanung in der Elektronikproduktion" der besonderen Herausforderungen des Elektronikbereichs berücksichtigt. Im Jahr 2007 folgte mit der Vorlesung „Produktionsmanagement" eine zweite neue Vorlesung, welche die strategische Ausrichtung produzierender Unternehmen zum Gegenstand hat und wichtige Managementwerkzeuge und unternehmerische Zusammenhänge vermittelt. Hinzugekommen ist aufgrund der Übernahme von Professor Kirchners Lehrstuhl die Vorlesung Arbeitswissenschaft. Diese fügt sich in das Gesamtvorlesungskonzept und rundet die Sichtweise auf einen technischen Betrieb ab. Der Lehrbetrieb des IFU wird dabei von Lehrbeauftragten unterstützt, welche sich aufgrund ihrer fundierten Industrieerfahrung in leitender Position im jeweiligen Themenfeld besonders für die Vorlesung qualifizieren. Gegenwärtig werden die Vorlesungen Industrielle Informationsverarbeitung, Industrielle Planungsverfahren sowie Fabrikplanung in der Elektronikproduktion von Lehrbeauftragten gehalten (vgl. Abbildung 20). Durch die Lehrbeauftragten werden den Studierenden praxisnahe Lerninhalte vermittelt.

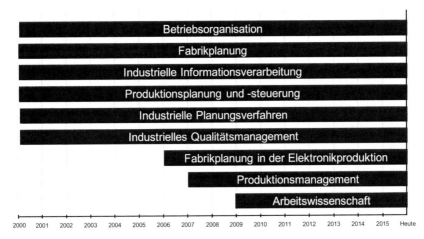

Abbildung 20: Erweiterung des Vorlesungsspektrums

2. Labore

Die vom IFU angebotenen Labore zeichnen sich durch ihre Kleingruppenarbeit sowie problembezogenen Aufgabenstellungen aus, welche das in den Vorlesungen erlangte Wissen, insbesondere das Methodenwissen, anwenden und vertiefen. Dies resultiert aufgrund der stärkeren Aktivierung der Studierenden in einem höheren Wissensgewinn. Dazu wurde eine Lernfabrik, das AIM-Lab, am IFU gegründet. Das AIM-Lab stellt eine wichtige Säule für das Sammeln von ersten praktischen Erfahrungen, welche auf der theoretischen Wissensvermittlung durch die Vorlesungen basieren. Das AIM-Lab ist eine Modellfabrik, die im Bereich der Ausbildung und Lehre eingesetzt wird und die Produktion realitätsnah, in vereinfachter Darstellung abbildet. So werden im AIM-Lab die praktischen Grundlagen für das methodische Arbeiten und das sinnvolle Anwenden von Methoden gelegt. Darüber hinaus werden die immer wichtiger werdenden sozialen Kompetenzen gefördert, welche als Grundstein für die Führungskompetenzen zukünftiger Ingenieure und Führungskräfte dienen. Auf diese Weise wird der klassische, theoretische Aufbau des Studiums, der Lehrstoff vornehmlich durch Vorlesungen vermittelt, durch eine praktische, anwendungsorientierte Komponente erweitert.

Bisher wurden sechs Labore als Lehrveranstaltungen für Studierende ausgearbeitet (vgl. Abbildung 21). In Zusammenarbeit mit der Deutschen MTM-Vereinigung bietet das IFU seit 2004 den Studierenden die Möglichkeit die Zertifikate MTM-1 und MTM-UAS zu erlangen. Das im Jahr 2010 erstmals angebotene Fabrikplanungslabor hat zum Ziel die Methoden und Werkzeuge der Digitalen Fabrik im Rahmen einer Fabrikplanungsaufgabe für eine Beispielfabrik anzuwenden. Dabei kommen sowohl der Planungstisch als auch die VR im VFP-Labor zum Einsatz. In der zuvor beschriebenen Lernfabrik AIM-Lab wird seit 2013 das GPS-Labor angeboten, welches die Vermittlung der GPS-Prinzipien, -Methoden und -Werkzeuge in einer Produktionsumgebung zum Gegenstand hat. Weitere Labore sind das Life Cycle Labor, das Planspiel-Labor und das PPS-Labor.

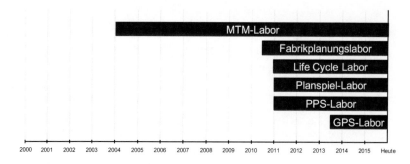

Abbildung 21: Laborveranstaltungen am IFU

3. Praxiseinsätze im Unternehmen

Eine nachhaltige Verankerung der Kompetenzen und des methodischen Wissens im Bewusstsein der Studierenden wird in einem dritten Schritt durch Praxiseinsätze in der Produktion und Fertigung gefestigt. Hierbei sollen Studierende in der Praxis im Einsatz an der Fertigungs- oder Montagelinie unter Anleitung, Coaching und Beaufsichtigung von erfahrenen Mitarbeitern praxisnah Erfahrungen sammeln und beispielsweise Prinzipien Ganzheitlicher Produktionssysteme anwenden. Durch ausführliches Feedback der Unternehmensvertreter wird den Studierenden aktiv Stärken und Schwächen aufgezeigt. Des Weiteren können Studierende hier ebenfalls erste Führungserfahrungen sammeln, wodurch sich auch erkennen lässt, ob für die jeweiligen Studierenden eher eine Fach- oder Führungskarriere infrage kommt. Daneben vermittelt und betreut das IFU Praktika bei Industriepartner und bietet Studentenexkursionen zu führenden Unternehmen an.

Master of Industrial Engineering and Management (AIM)

Die breiten Erfahrungen des IFU im Umfeld der Lehre, flossen in die Konzeption des Master of Advanced Industrial Engineering and Management ein. Das IFU engagiert sich bei der Etablierung des Im Master AIM. Mit diesem werden die neuen Möglichkeiten der Bologna-Reform voll genutzt. Grundsätzlich kann der Master AIM als konventioneller, konsekutiver Master absolviert werden (Variante I). Darüber hinaus ist er aber auch als Weiterführung nach anderen Studiengängen, wie Bachelor im Maschinenbau oder Wirtschaftsingenieurwesen, möglich (Variante II). Der modulare Aufbau ermöglicht es, in Variante III den Master AIM neben dem Beruf zu studieren. Hierfür werden die einzelnen Module entweder im Abendstudium oder in Blockveranstaltungen abgelegt. Für jedes Modul erhalten die Studierenden ein Zertifikat, das als Beleg für das Modul gilt oder als einzelne Zusatzqualifikation genutzt werden kann. Wird der Master AIM nicht abgeschlossen oder werden nur einzelne Module benötigt, ist Variante IV möglich. Hier können einzelne Module als gezielte Zusatzqualifikation auf Universitätsniveau abgelegt werden. Bei Bedarf kann auch von Variante IV zu III gewechselt werden, wenn aus einzelnen Zusatzqualifikationen doch ein Masterabschluss resultieren soll. In Variante V wird der Master AIM als „Technischer MBA" abgelegt. Dies kommt für Studierende infrage, die bereits ein Hochschulstudium in einem anderen Fach abgeschlossen haben und sich auf zukünftige Führungsaufgaben vorbereiten wollen. Durch den modularen Aufbau bietet der Master AIM maximale Flexibilität für alle Zielgruppen.

Der Master AIM geht nicht nur mit seinen verschiedenen Varianten neue Wege, sondern setzt die Forderungen des Bologna-Prozesses nach europaweit einheitlichen Qualitätsstandards und einem europäischen Hochschulraum um. Das Curriculum des Masters AIM entstand einerseits in enger Abstimmung mit zahlreichen Unternehmen und Verbänden und andererseits in Kooperation mit der europäischen Hochschullehrervereinigung Academy for Industrial Engineering and Management. In dieser Vereinigung sind Professoren aus 19 Ländern organisiert, die auf dem Gebiet des Industrial Management forschen und lehren. Ziel ist es, einzelne Module oder das komplette Curriculum des Masters AIM in jedem der 47 Staaten der European Higher Education Area belegen zu können. Die Module sind in einem Kern-Curriculum verankert, das ca. 80 % aller Credit Points abdeckt. Die restlichen Credit Points können durch weitere individuelle Kurse der jeweiligen Universität erreicht werden. Durch das einheitliche Kern-Curriculum kann ein konstantes Qualitätsniveau an allen Standorten sichergestellt werden. Somit wird nicht nur die Flexibilität der Studierenden verbessert, sondern es werden auch neue Möglichkeiten für Unternehmen geschaffen. Durch die restlichen 20 % ist es den verschiedenen Universitäten möglich, spezielle Schwerpunkte oder Differenzierungsmerkmale in den Studiengang einzubringen und sich somit aus Studierenden-Perspektive attraktiver zu positionieren. Übergeordnete Ziele sind einerseits, die deutsche Ingenieurlücke mit Ingenieuren aus anderen Ländern zu verringern. Andererseits könnten beispielsweise Unternehmen mit weiteren europäischen Standorten regionale Fachkräfte mit dem gleichen Qualifikations- und Kompetenzniveau einsetzen.

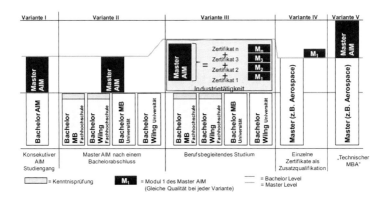

Abbildung 22: Konzept des Master of Industrial Management

Promovierte Mitarbeiter am IFU

Während des 50-jährigen Bestehens des Instituts konnten 90 Ingenieurinnen und Ingenieure ihre Promotion erfolgreich abschließen (vgl. Abbildung 23). Diese befassten sich mit Themen, welche sich durch ihre hohe Praxisrelevanz und -nähe hervorhoben. Dabei wurden die Dissertationen direkt in Industrieunternehmen verfasst, oder aber anhand der Praxis validiert.

Abbildung 23: Promovierte Mitarbeiter am IFU 1965 - 2015

Zusammenfassung und Ausblick

Das IFU kann auf erfolgreiche 50jährige Geschichte zurückblicken. Die kurze Darstellung einiger der am IFU entstandenen Innovationen der drei Forschungsfelder zeigt, dass die thematische Ausrichtung stets an die neuen Herausforderungen produzierender Unternehmen angepasst wurde. Aber nicht nur in den Forschungsfeldern des IFU gibt es stets Neues zu berichten, sondern auch die Lehre wird kontinuierlich weiterentwickelt und an die wandelnden Anforderungen der Industrie angepasst.

Es bleibt aber auch in der Zukunft spannend. Aktuell werden die Unternehmen aus der Wissenschaft mit der vierten industriellen Revolution (Industrie 4.0) konfrontiert. Hier sind vor allem die Schlüsseltechnologien der eingebetteten Systeme (z. B. RFID), vernetzte Systeme (z. B. Maschinensteuerung), Cyper-Physical Systems (z. B. Manufacturing Executive Systems) oder die Vision des Internets der Dinge und Internets der Daten und Dienste in Form der Smart Factory (vgl. Abbildung 24). [Nyhu 15] Bisher fehlen für die großen Erwartungen dieser Schlüsseltechnologien noch die Nachweise des wirtschaftlichen Nutzens und der Praxistauglichkeit. Daher arbeitet das IFU an solchen Lösungen zur Industrie 4.0, welche eine thematische Weiterentwicklung der Forschungsfelder darstellen und die das Potenzial für eine erfolgreiche Anwendung in der Industrie aufweisen.

Wie geht's weiter? Industrie 4.0?

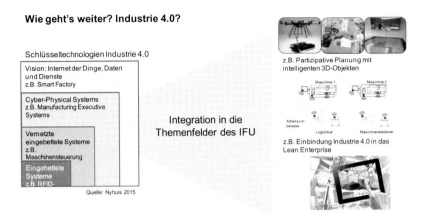

Abbildung 24: Integration der Industrie 4.0 in die Forschungsfelder des IFU

Das IFU entwickelt beispielsweise gegenwärtig die partizipative Layoutplanung durch den Einsatz intelligenter 3D-Objekte am Planungstisch weiter, um auf diese Weise das Planungsobjekt greifbarer zu machen und gleichzeitig die Beteiligten mit planungsrelevanten Informationen zu versorgen. Daneben wurden und werden erste Beiträge, die die Rolle des Menschen in der Industrie 4.0 sowie dessen veränderte Belastungen untersuchen, veröffentlicht. [Domb 14g] S. 129/153 Aber auch die Integration der Industrie 4.0 in bestehende Ganzheitliche Produktionssysteme bzw. das Lean Enterprise werden das IFU in den nächsten Jahren beschäftigen. [Domb 15c] S.53/56; [Domb 15d] S. 157/163 Im Service liefern die Technologien der Industrie 4.0 spannende Einsatzmöglichkeiten, wie beispielsweise die bauteilgebundene Speicherung servicerelevanter Prozessdaten, welche das Potenzial hat, den After Sales Service zu verbessern.

Literatur

[Berr 00]   Berr, U.: Geschichtliche Entwicklung des IFU. Tagungsband IFU Festkolloquium am 16.11.2001.

[Bral 10]   Brall, S.: Arbeitsbegleitende Kompetenzentwicklung als universitäres Strategieelement. Norderstedt: Books on Demand 2010.

[Domb 05a]   Dombrowski, U.; Zeisig, M.: Rollenbasiertes Dokumentationskonzept. wt Werkstattstechnik online, Jahrgang 95 (2005) H.7/8, S.603-607

[Domb 05b]   Dombrowski, U; Horatzek, S.; Wrehde; J.: Der Weg zu einem lebenszyklusorientierten Ersatzteilmanagement. Teil I: Zukunftsgestaltung. In: Zeitschrift für wirtschaftlichen Fabrikbetrieb ZWF (2005) 3, S. 125-129

[Domb 07]   Dombrowski, U; Wrehde; J.: Lebenszyklusorientiertes Ersatzteilmanagement von Elektronikkomponenten - ein wesentliches Standbein zur Sicherung der Wettbewerbsfähigkeit im After Sales Service. In: Festschrift für Prof. Wildemann. S. 1563-1581.

[Domb 08]   Dombrowski, U.; Schulze, S.: Logistikgerechtheit im Produktentwicklungsprozess. ZWF Zeitschrift für wirtschaftlichen Fabrikbetrieb. 103 (2008) Heft 11, S.750-754

[Domb 09a]   Dombrowski, U.; Herrmann, C.; Lacker, T.; Sonnentag, S.: Modernisierung kleiner und mittlerer Unternehmen: Ein ganzheitliches Konzept. Berlin: Springer 2009.

[Domb 09b]   Dombrowski, U.; Schulze, S.: Design for Logistics für effiziente Produktionsnetzwerke - Logistikgerechte Produktentwicklung als Basis eines kosten- und leistungsoptimierten Netzwerkes, wt online (2009) 4, S. 220-225

[Domb 10]   Dombrowski, U.; Riechel, C.: Entwicklung eines Multitouch-Planungstischs zur Unterstützung der partizipativen Layoutplanung. In: Zeitschrift für wirtschaftlichen Fabrikbetrieb (ZWF) 105 (2010) Heft 12, S.1091/1095

[Domb 11a]   Dombrowski, U.; Schulze, S.; Mielke, T.: Employee participation in the implementation of LPS. 4th International Conference on Changeable, Agile, Reconfigurable and Virtual Production (CARV), 02.-05.10.2011, Montreal, Kanada

[Domb 11b]   Dombrowski, U.; Engel, C.; Mielke, T.: Advanced Industrial Management – Neue Wege in der Ingenieursausbildung. MTM Bundestagung 2012; Stuttgart, 27.10.2011

[Domb 12a]   Dombrowski, U.; Riechel, C.; Ernst, S.: Simulatives Energiewertstromdesign mithilfe des digitalen Planungstischs. In: Industrie Management 28 (2012) Heft 6, S.5-58.

[Domb 12b]   Dombrowski, U.; Mielke, T.; Engel, C.: Knowledge Management in Lean Production Systems. 45th CIRP Conference on Manufacturing Systems, 16.-18.05.2012, Athen, Griechenland

[Domb 14a]   Dombrowski, U.; Ernst, S.: Effects of Climate Change on Factory Life Cycle. In: Proceedings of 21st CIRP Conference on Life Cycle Engineering, 18.-20.06.2014, Trondheim, Norwegen, S.336-342

[Domb 14b] Dombrowski, U.; Ernst, S.: Risiken des Klimawandels für die Fabrikplanung In: Industrie Management 30 (2014) Heft 5, S. 23-26

[Domb 14c] Dombrowski, U.; Evers, M.; Ernst, S.; Boog, H.: Alter(n)sgerechte Montage - Vorgehen zur partizipativen Gestaltung von alter(n)sgerechten Montagearbeitsplätzen. 60. Kongress der Gesellschaft für Arbeitswissenschaft, 12.-14.03.2014, München.

[Domb 14d] Dombrowski, U.; Ebentreich, D.; Degenhart, F.: Internationale Studie zur Verbreitung von Lean im Krankenhaus. 1. Lean Hospital Summit, 26.-27.11.2014, Mühlheim an der Ruhr, Germany.

[Domb 14e] Dombrowski, U.; Weckenborg, S.; Mederer, M.: Bedarfsprognose von Ersatzteilen bei Instandhaltungsdienstleistern. Productivity Management 19 (2014) Heft 5, S. 46-48

[Domb 14f] Dombrowski, U.; Malorny, C.: Lean After Sales Service - An Opportunity for OEMs to Ensure Profits. In: Grabot, B.; Vallespir, B.; Gomes, S.; Bouras, A.; Kiritsis, D.: Advances in Production Management Systems. Innovative and Knowledge-Based Production Management in a Global-Local World (Part II), Springer Verlag, Berlin, 2014, S. 618-625.

[Domb 14g] Dombrowski, U.; Riechel, C.; Evers, M.: Die Rolle des Menschen in der 4. Industriellen Revolution. In: Kersten, W.; Koller, H.; Lödding, H. (Hrsg.): Industrie 4.0. Wie intelligente Vernetzung und kognitive Systeme unsere Arbeit verändern. Berlin: GITO-Verlag 2014.

[Domb 15a] Dombrowski, U.: Fabriken von morgen – mehr Wertschöpfung mit weniger Ressourcen. GSaME Jahrestagung, 19.03.2015, Stuttgart

[Domb 15b] Dombrowski, U.; Grundei, J.; Melcher, P.R.: Vorstellung der Ergebnisse der gfo-Studie zum Umsetzungsstand der Prozessorganisation in Deutschland.61. GfA-Frühjahrskongress 2015, 25.02.-27.02.2015, Karlsruhe, Germany.

[Domb 15c] Dombrowski, U.; Richter, T.; Ebentreich, D.: Ganzheitliche Produktionssysteme und Industrie 4.0 - Ein Ansatz standardisierter Arbeit im flexiblen Produktionsumfeld. In: Industrie Management 03/2015, S. 53-56

[Domb 15d] Dombrowski, U.; Richter, T.; Ebentreich, D.: Auf dem Weg in die vierte Industrielle Revolution - Ganzheitliche Produktionssysteme zur Gestaltung der Industrie 4.0-Architektur Zeitschrift Führung + Organisation (zfo) 2015, Jg. 84, S. 157/163

[Heri 01] Hering, E.; Bressler, K.; Gutekunst, J.: Elektronik für Ingenieure. 4. Auflage. Berlin: Springer 2001.

[Heys 14] Heyse, V.: Entwicklung von Schlüsselkompetenzen in deutschen Hochschulen. Bilden deutsche Hochschulen wirklich kompetente Fachleute aus? In V. Heyse (Hrsg.) Aufbruch in die Zukunft (S. 201–212). Münster: Waxmann 2014.

[VW 14] Volkswagen AG: Volkswagen Motorenwerk Chemnitz als nachhaltiger Industriestandort ausgezeichnet. Online im Internet: URL: http://www.volkswagenag.com/content/vwcorp/info_center/de/news/2014/11/industry.html. Chemnitz, 27.11.2014

Ganzheitliche Produktionssysteme

Erfolgreich in der Nische

Dr.-Ing. Thorsten Hartmann

Vorstand Operations

TTS Tooltechnic Systems AG & Co. KG

Curriculum Vitae

Herr Dr. Hartmann promovierte an der Technischen Universität Hamburg-Harburg im Bereich Logistik und Produktion. Er ist seit 1996 bei Festo/Festool und mittlerweile seit 2010 im Vorstand der TTS Tooltechnic Systems AG & Co. KG, verantwortlich für den Bereich Operations. Er hat unter anderem die Beratung Festool Engineering gegründet und 10 Jahre als Geschäftsführer entwickelt. Mehrere Erfolge bei der Fabrik des Jahres runden das Bild ab.

Ganzheitliche Produktionssysteme

90 Jahre Festool
Dr. Thorsten Hartmann

50 Jahre IFU Braunschweig
09.09.2015

FESTOOL
Werkzeuge für höchste Ansprüche

—— **Hochwertige Elektrowerkzeuge** seit 1925

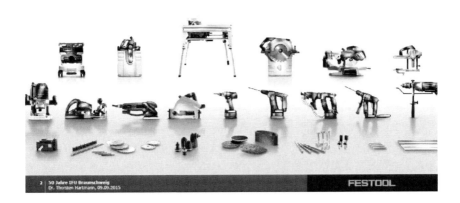

Ganzheitliche Produktionssysteme

Ganzheitliche Produktionssysteme

Unsere Unternehmensstruktur

Unsere Standorte in **Deutschland** und **Tschechien**

Konzern-Zentrale in Wendlingen:
Logistikzentrum für Europa, F&E, Marketing und Vertrieb, Service, u.v.m

Produktionsstandorte
- Neidlingen
- Illertissen
- Česká Lípa (CZ)

Ganzheitliche Produktionssysteme

―― Unsere Standorte **international**

Weltweite Präsenz durch Vertriebsgesellschaften und Importeure

In **Europa** verwurzelt
Umsatz-Anteile 2014

Übrige Länder 21,2%
Deutschland 24,2%
Europa (ohne DE) 54,6%

- 18 TTS-Vertriebsgesellschaften
- ca. 47 Länder und ca. 40 Import-Partner

―― **2.500 Mitarbeiter. Ein Ziel:**
Professionelle Handwerker erfolgreich und stolz zu machen.

Ganzheitliche Produktionssysteme

Unsere Kunden
Schreiner

Unsere Kunden
Holzbau

Ganzheitliche Produktionssysteme

Unsere Kunden
Maler

Unsere Kunden
Autolackierer

Ganzheitliche Produktionssysteme

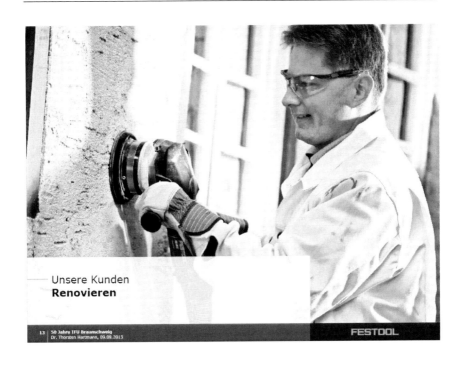

Unsere Kunden
Renovieren

Typisch Festool Werkzeug.
Echte **Innovationen** gepaart mit
ausgezeichnetem Design

Ganzheitliche Produktionssysteme

36 Monate Schutz vor Reparaturkosten
36 Monate Diebstahlschutz
15 Tage Kauf ohne Risiko
10 Jahre Ersatzteilverfügbarkeit

Typisch Festool.
Werkzeuge fest verbunden mit unserem
SERVICE all-inclusive

Gute Werkzeuge werden akzeptiert.
Herausragende Werkzeuge werden geliebt.

Ganzheitliche Produktionssysteme

Industrial Engineering und Sozio-Cyber-Physical Systems

Prof. Dr.-Ing. Egon Müller

Institutsdirektor

Institut für Betriebswissenschaften und Fabriksysteme (IBF)

Leiter

Professur Fabrikplanung und Fabrikbetrieb, Technische Universität Chemnitz

Curriculum Vitae

Stationen der akademischen Ausbildung:

geb. am 25.06.1952 in Langensalza (Thüringen)

1974 - 1978 Studium an der Ingenieurhochschule Zwickau, Maschinenbau, Betriebsgestaltung

1984 Promotion zum Doktor-Ingenieur „Flexible Montageprozesse" (Nestmontage) an der Ingenieurhochschule Zwickau

Ausgewählte Stationen der beruflichen und wissenschaftlichen Tätigkeit:

1982 - 1985 Wissenschaftlicher Assistent im Wissenschaftsbereich Betriebsgestaltung

1987 - 1989 Gruppenleiter „Schlüsseltechnologien" im PkwKW-Kombinat

1990 - 1992 Geschäftsführer des Fachbereiches Maschinenkonstruktion, TH Zwickau

1992 Berufung zum Professor für Fabrikplanung, Westsächsische Hochschule Zwickau

1993 - 1996 Leiter der Fachgruppe Produktionstechnik

1996 - 1999 Prorektor Hochschulentwicklung und Forschung an der Westsächsischen Hochschule Zwickau

seit 2002 Berufung zum Universitäts-Professor für Fabrikplanung und Fabrikbetrieb, Technische Universität Chemnitz

Direktor des Institutes für Betriebswissenschaften und Fabriksysteme

Wissenschaftliche Aktivitäten, Mitarbeit in Gremien, u.a.:

- HAB Mitglied (Hochschulgruppe für Arbeits- und Betriebsorganisation e.V.)
- AIM Mitglied (European Academy on Industrial Management)
- Mitglied in der Society of Collaborative Networks (SOCOLNET)
- Mitglied im IIE – The Global Association of Productivity & Efficiency Professionals
- Mitglied der Bundesvereinigung Logistik (BVL)
- VDI Fachausschuss Fabrikplanung
- VDI Bezirksvorstand Chemnitz
- Reviewer der Zeitschrift „Production Planning & Control"
- Reviewer ICPR
- Reviewer Journal of Manufacturing Technology Management
- Fachbeirat „Deutsche Fachkonferenz Fabrikplanung"
- Mitglied GfSE (Gesellschaft für Systems Engineering)
- Mitglied in verschiedenen Scientific Committees internationaler wissenschaftlicher Veranstaltungen

Industrial Engineering und Sozio-Cyber Physical Systems

Prof. Dr.-Ing. Egon Müller

Unternehmen und Fabriken stellen in hoch entwickelten Industrieländern einen Ort innovativer, kreativer und wissensbasierter Wertschöpfung von Sach- und Dienstleistungen in effizienten Wertschöpfungsnetzen dar (Schenk et al. 2014)

Auf das zukünftige Planen und Betreiben von Fabriken werden neben vielen anderen insbesondere solche Entwicklungen, wie gestiegene Anforderungen an die Kreativität, Kompetenz, Wissen und Innovationsfähigkeit der Menschen Auswirkungen haben, um wettbewerbsfähige Produkte entwickeln und herstellen zu können sowie innovative Technologien und Prozesse in komplexen Systemen zu beherrschen.

Durch zunehmende Globalisierung, der immer stärkeren Individualisierung der Kundenwünsche sowie dem ebenfalls zunehmenden Einsatz neuer Technologien und Werkstoffe, ergeben sich weitere gravierende Veränderungen in der Fabrik und deren Umfeld. Der Zwang zur ressourceneffizienten Produktion wird in Zukunft ebenso zu notwendigen Veränderungen führen wie die sich aus dem demografischen Wandel ergebenden Notwendigkeiten bei dem Planen und Betreiben von Fabriken. Diese Veränderungsprozesse haben dabei allgemeinen Charakter, da sie aus den prognostizierten Megatrends abzuleiten sind (Bild 1).

Abbildung 1: Megatrends (in Anlehnung an Abele & Reinhart, 2011; Credit Suisse, 2009; Credit Suisse, 2010; Geisberger & Broy, 2012; Z_punkt & BDI, 2011)

Neben den bereits genannten Einflussbereichen werden neben den sich immer mehr verkürzenden Innovations- und Technologielebenszyklen die fortschreitende und generelle Durchdringung der Produktion mit modernen Informations- und Kommunikationstechnologien und einer damit verbundenen verstärkten Integration von Produktions- und Dienstleistungsprozessen die gravierendsten Auswirkungen auf die zukünftige Planung und Gestaltung von Fabriken und Unternehmen haben. Verdeutlicht wird dies im Bild 2 am Beispiel zur Darstellung der Veränderungen der Digitalen Durchdringung und Vernetzung im Bereich der Informationstechnologie.

Abbildung 2: Digitale Durchdringung und Vernetzung im Bereich der Informationstechnologie

Neben der Berücksichtigung von Aspekten der Fabrikplanung und einer stärkeren Fokussierung auf lebenszyklusorientierte Betrachtungen wird der Fabrikbetrieb zunehmend durch bereits angesprochene digitale Durchdringung und Vernetzung geprägt sein. Die im Bild 3 dargestellten Technologietrends unterstreichen dies deutlich - von den 10 abgeleiteten Technologietrends haben nur noch zwei einen direkten Bezug zur physischen Produktion.

Ganzheitliche Produktionssysteme

Abbildung 3: Technologietrends (Quelle: Gartner | information-management.com)

Betrachtet man den Fabrikbetrieb mit seinen Aufgaben näher, dann handelt es sich dabei um das Betreiben, Lenken und Steuern der Abläufe einschließlich der Instandhaltung und des Service in der Fabrik, um die Zielvorgaben des Unternehmens durch eine sozialökonomische und ökologische (ressourcen-) effiziente Aufbau- und Ablauforganisation im partizipativ-transparenten Zusammenwirken der Komponenten Mensch, Technik und Organisation sowie der Kooperation innerhalb und außerhalb der Fabrik zu sichern (Schenk et al. 2014). Stellt man dem die Aufgaben des Industrial Engineerings gegenüber, deren Gegenstand u. a. die Entwicklung und der Einsatz von Methoden und Instrumenten ist, um die Produktivität (und Ergonomie) durch systematische Arbeitsgestaltung unter ganzheitlichen Betrachtungsaspekten zu steigern und die heute oft auch die Standardisierung, Mechanisierung, Automation der Produktion einschließlich der Betrachtung von Produktionssystemen umfasst, ist leicht erkennbar, dass in diesem Bereich die stärkste Verschmelzung von Fabrikbetrieb mit modernsten Informations- und Kommunikationstechnologien stattfinden wird. Unter Berücksichtigung dessen und der weiterhin bestehenden generellen Anforderungen und Veränderungsbedarfe auf der Shop-Floor-Ebene, wie in dem Bild 4 gezeigt, wird eine völlig neue Verknüpfung von physischer Produktion und Informations- und Kommunikationstechnologie möglich.

Ganzheitliche Produktionssysteme

Wissensmanagement
- Wissen erfassen und zur weiteren Verwendung strukturieren
- kontextsensitive Bereitstellung von Informationen/ Wissen

Bildquelle: http://www.bluedoc.com/user/images/technische_dokumentation.jpg

Effizienz
- Verschwendung vermeiden
- klare Orientierung am Kunden

Bildquelle: http://pushtotalkbykodak.com/assets/images/ptt/push-to-talk-greater-efficiency-more-productivity.png

Motivation
- Ganzheitliche Arbeitsinhalte
- Bezug zum Endprodukt/ Kunden, Identifikation

Bildquelle: http://www.motivationssprueche.info/wp-content/uploads/2013/08/motivation-1024x768.jpg

Qualifikation
- Reflexion/ Lernen individuell und bereichsübergreifend ermöglichen
- unterschiedliche Ausgangsbedingungen berücksichtigen

Bildquelle: http://www.km.bayern.de/bilder/km_abs.atz/foto/982_mnnchen_auf_leiter.jpg

Arbeitsgestaltung: Diversity, Demographie
- unterschiedliche Stärken nutzen
- Gruppendynamik

Bildquelle: http://www.deutsche-handwerks-zeitung.de/demographie-verschaerft-nachfolgesorgen/150/3099/113901

Informationsmanagement
- effiziente Informationsprozesse
- durchgängige Dokumentation

Bildquelle: http://www.diamant.de/images/content/topics/knowledgemanagement/global_network_320x240.png

Änderungs-/ Variantenmanagement
- Komplexität beherrschen (technisch/ Prozesse)
- Dynamik berücksichtigen

Bildquelle: http://www.handelsblatt.com/images/karte/7068738/13-formatOriginal.jpg

Projektmanagement
- Fortschrittsbewertung/ Controlling
- Komplexitätsgerecht und mobil

Bildquelle: http://www.stupidedia.org/stupi/Datei:Ampel.jpg

Abbildung 4: Anforderungen auf Shop-Floor-Ebene

Diese völlig neuen Möglichkeiten der Anwendung von Technologien aus dem Informations- und Kommunikationstechnologie-Umfeld wie Big Data, Cloud Computing, semantische Techniken ~~Ontologien~~ usw. ermöglichen die Verarbeitung und Bereitstellung von Daten und Informationen aus einem komplexen Systemumfeld in Echtzeit und in einer Verbindung von realem mit virtuellem Umfeld, um automatisiert aufbereitet und zielorientiert Informationen für den Menschen in der Fabrik und für automatisierte Systeme zur Entscheidungsunterstützung oder zum autonomen agieren Agenten bereitzustellen. Genau darin liegt der wesentliche Vorteil der unter Industrie 4.0 subsumierten Verbindung von physischer Produktion und Informations- und Kommunikationstechnologie. Als völliger Irrweg lässt sich an dieser Stelle die Interpretation von Industrie 4.0 als voll automatisierte Lösung der Fabrik in der nur noch Objekte (exklusive Mensch) miteinander kommunizieren und autonom agierend Lösungen selbst generieren, feststellen, was in solchen Fehlinterpretationen gipfelt - den Menschen braucht es dazu nicht mehr.

Wenn man ebenfalls beachtet, dass ein Produktionssystem nicht, wie häufig angenommen, auf die technischen Fertigungsmittel beschränkt ist, sondern das Produktionssystem im Kontext Ganzheitlicher Produktionssysteme (GPS) vielmehr das Zusammenspiel aus

Mensch, Technik und Organisation in der Produktion umschreibt (Dombrowski & Mielke 2015), dann wird deutlich, welche Rolle der Mensch in dem Kontext Industrie 4.0 spielt.

Wie bereits eingangs erwähnt, steht die Produktion der Zukunft vor multiplen Herausforderungen, wie der zunehmenden Produktindividualisierung und den erhöhten Flexibilitätsanforderungen bei gleichzeitigem Kostendruck und geringerer Vorhersagbarkeit des wirtschaftlichen Umfeldes. Folglich erhöht sich die notwendige Anzahl kurzzyklischer Anpassungen in der Produktionsplanung und -steuerung, während gleichzeitig die Komplexität dieser Prozesse z. B. infolge der gewachsenen IT-Landschaften in Industrieunternehmen und die Verknüpfung mit externen Wertschöpfungspartnern zunimmt. Diese innere und äußere Turbulenz prägt die Aufgabenfelder der Menschen in der Fabrik: Entscheidungen müssen trotz einer heterogenen Informationsflut mit immer kürzeren Reaktionszeiten getroffen werden. Dies führt zu dem Ansatz, virtuelle Techniken zielorientiert und vor allem *durchgängig* zur Unterstützung von Planungs- und Steuerungsprozessen einzusetzen. In diesem Kontext spielen Cyber-Physische Systeme eine besondere Rolle. Berücksichtigt man hierbei wiederum die Rolle des Menschen und die Notwendigkeit, den Menschen in diesem Umfeld in Echtzeit, interaktiv und durch Verknüpfung von realer Welt und virtueller Welt zu unterstützen und aktiv in diese Echtzeitkommunikation mit einzubinden, spricht man von Sozio-Cyber-Physical Systems. Einfache Beispiele dieser Verknüpfung von realem und virtuellem Produktionsumfeld werden im Bild 5 und 6 gezeigt.

Abbildung 5: reales und virtuelles Produktionsumfeld

Abbildung 6: Cyper-Physical System

Mit dem Verbundprojekt SOPHIE wurde mit der Entwicklung eines modularen Entscheidungsunterstützungssystems als Lösungsansatz für die skizzierten Herausforderungen der Produktion begonnen. Kern des Lösungsansatzes ist die Verknüpfung der Realwelt mit der Digitalwelt in Echtzeit. Durch diese Verknüpfung sollen einerseits Entscheidungsträger mit virtuellen Techniken, wie der Augmented- (AR) und Virtual Reality (VR), befähigt werden, geplante und reale Abläufe auch direkt in der Produktion abzugleichen und Eingriffe in den realen Prozessablauf durch virtuelle Simulation abzusichern. Zur Beherrschung entstehender Datenmengen und zur Entlastung der Anwender sollen andererseits autonom agierende Agentensysteme selbstständig Analysen durchführen können und Entscheidungsoptionen vorschlagen, deren Auswirkungen der Anwender wiederum durch die virtuellen Techniken verstehen und bewerten kann, wie im Bild 7 dargestellt.

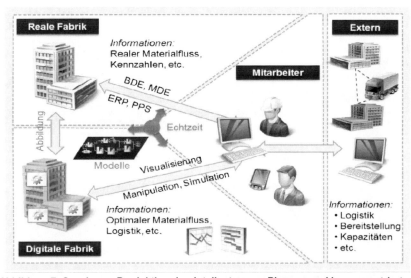

Abbildung 7: Synchrone Produktion durch teilautonome Planung und humanzentrierte Entscheidungsunterstützung (in Anlehnung an Prinz et al. 2014)

CPPS sind Cyber-Physische Systeme (CPS), die in der Produktion angewendet werden. Dabei ist das CPPS ein System, welches sowohl eingebettete Systeme, Produktions-, Logistik-, Engineering-, Koordinations- und Managementprozesse als auch Internetdienste besitzt. Diese Systeme sammeln durch Sensoren Daten der physikalischen Welt und verändern durch Aktoren die reale Produktion. Die synchrone Produktion ist somit der bidirektionale Abgleich zwischen realer Fabrik bzw. der aktuellen Produktion und Digitaler Fabrik. Zum einen dienen Echtzeit-Daten der aktuellen Ist-Situation aus der laufenden Produktion zur besseren Planung. Zum anderen können die Ergebnisse der Planung innerhalb der Digitalen Fabrik über neue Technologien, wie z. B. Smartphones, Tablets oder

Smartwatches, direkt in die Produktion zurückgemeldet werden. Zur Erreichung einer synchronen Produktion sind dabei Schnittstellenprobleme zu lösen und Systeme und Systemelemente so miteinander zu vernetzen, dass diese alle mit Echtzeit-Daten arbeiten können.

Um die unterschiedlichen Ansätze für eine neuartige und effiziente, teilautonome Planungsunterstützung von Produktionssystemen nutzbar zu machen, bedarf es einer integrativen Herangehensweise, die die unterschiedlichen Disziplinen zu einem umfassenden Gesamtkonzept zusammenführen.

Im Bild 8 sind die Handlungsfelder bei der Entwicklung cyberphysischer Systeme und ihre Zusammenhänge dargestellt.

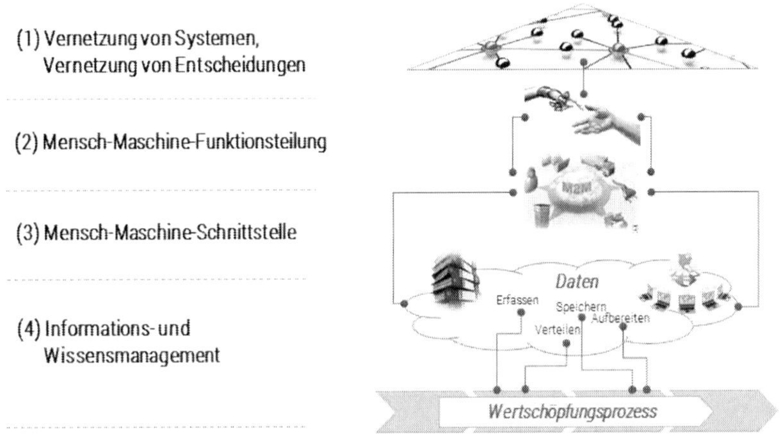

(1) Vernetzung von Systemen, Vernetzung von Entscheidungen

(2) Mensch-Maschine-Funktionsteilung

(3) Mensch-Maschine-Schnittstelle

(4) Informations- und Wissensmanagement

Abbildung 8: Handlungsfelder bei der Entwicklung cyberphysischer Systeme

Wohlstand und nachhaltiges Wachstum entstehen durch (industrielle) Wertschöpfung. Auch Dienstleistungen basieren vielfach auf einem (Hardware-) Produkt, d.h., Produktion wird und muss es auch weiterhin geben!

Die Herausforderungen sowohl für Industrienationen allgemein als auch für produzierende Unternehmen steigen unaufhörlich durch zunehmenden globalen Wettbewerb, Veränderungen im Umfeld (Politik, Demographie, Umwelt, ...) sowie neue technologische Entwicklungen.

Entwicklungen im Bereich der IuK-Technologie (Internet der Dinge und Dienste, Leistungsfähigkeit, ubiquitäre Systeme, usw.) bieten Chancen für neue Geschäftsmodelle, höhere Flexibilität und zunehmende Individualisierung. Der Mensch wird als Problemlöser und Entscheider sowie als Ansprechpartner für Kunden auch zukünftig eine tragende Rolle in Produktionsunternehmen spielen. Entscheidend ist die intelligente Verknüpfung von Mensch und Technik im Rahmen geeigneter Organisationsformen sowie mithilfe passender Schnittstellen.

Menschliche Produktionsarbeit wird/muss es auch weiterhin geben. Jedoch werden sich die Rolle des Menschen und die Art und Weise der Arbeit ändern. Dafür sind Voraussetzungen zur Qualifizierung und zum Wissenstransfer zu schaffen.

Literatur

Schenk, Michael; Wirth Siegfried; Müller, Egon: Fabrikplanung und Fabrikbetrieb - Methoden für die wandlungsfähige, vernetzte und ressourceneffiziente Fabrik. 2., vollständig überarbeitete und erweiterte Auflage 2013, Springer Vieweg, Springer-Verlag Berlin Heidelberg 2004, 2013

Dombrowski, Uwe; Mielke, Tim: Ganzheitliche Produktionssysteme - Aktueller Stand und zukünftige Entwicklungen. Springer Vieweg, Springer-Verlag Berlin Heidelberg 2015

Prinz, Christopher; Jentsch, David; Kreggenfeld, Niklas; Morlock, Friedrich; Merkel, Andreas; Müller, Egon; Kreimeier, Dieter: Concept of Semi-Autonomous Production Planning and Decision Support Based on Virtual Technology. In: Frank F. Chen (Hrsg.): Proceedings of the 24th International Conference on Flexible Automation and Intelligent Manufacturing. S. 1049-1057. - Lancaster USA

Fabrikplanung und Arbeitswissenschaft

Investitionen für die Fabrik der Zukunft

Univ.-Prof. Dr.-Ing. Prof. E.h. Dr.-Ing. E.h. Dr. h.c. mult. Engelbert Westkämper

Ehem. Leiter

Fraunhofer-Institut für Produktionstechnik und Automatisierung IPA

Ehem. Leiter

Institut für Industrielle Fertigung und Fabrikbetrieb (IFF) der Universität Stuttgart

Fabrikplanung und Arbeitswissenschaft

Curriculum Vitae

Geboren am 07.03.1946 in Schloss Neuhaus/Paderborn/Westfalen

1967 - 1973	Studium Maschinenbau - Fertigungstechnik an der RWTH Aachen Abschluss: Diplomingenieur
1973 - 1977	wiss. Mitarbeiter am Laboratorium für Werkzeugmaschinen und Betriebslehre (WZL) der RWTH Aachen
1977	Promotion zum Dr.-Ing. an der RWTH Aachen „mit Auszeichnung"

Berufliche Tätigkeiten in der Industrie

1977 – 1986	Leiter des Referats Technik MBB-Zentralbereich Fertigung München / Ottobrunn
	Leiter des Ressorts "Produktionstechnik" im MBB-Unternehmensbereich Transportflugzeuge Bremen/Hamburg
1987 – 1988	Leiter des Zentralbereichs Produktionstechnik der AEG Aktiengesellschaft Frankfurt a.M.

Berufliche Tätigkeiten in der Forschung und Lehre

1988 – 1995	Lehrstuhlinhaber und Direktor des Instituts für Werkzeugmaschinen und Fertigungstechnik (IWF) TU Braunschweig
1995 – 2011	Lehrstuhlinhaber und Direktor des Instituts für Industrielle Fertigung und Fabrikbetrieb (IFF), Universität Stuttgart
	Leiter des Fraunhofer-Instituts für Produktionstechnik und Automatisierung IPA, Stuttgart
2001 – 2002	Prodekan der Fakultät für Konstruktion und Fertigung der Universität Stuttgart
2002 – 2006	Dekan der Fakultät Maschinenbau der Universität Stuttgart
2004 – 2007	Sprecher des Verbundes Produktion der FhG-Institute der Produktionstechnik
2004 – 2007	Mitglied des Präsidialkreises der FhG
2006 – 2009	Mitglied des Universitätsrates der Universität Stuttgart
2007 – 2009	stellv. Vorsitzender des Universitätsrates
2007 – 2012	Vorsitzender der Vorstandes der Graduate School of Excellence for advanced Manufacturing Engineering GSaME der Universität Stuttgart

Wissenschaftspolitische Aufgaben (Auswahl)

seit 2004	Fachkollegiat der DFG: Maschinenbau-Produktionstechnik
2004	Lokaler Partner des WID für den Wissenschaftssommer
seit 2004	Mitglied der EU High Level Group „ManuFuture" und Manufuture Implementation Support Group zur Vorbereitung der Forschungsprogramme für die Produktionstechnik
seit 2009	Mitglied des Vorstands der European Factories of the Future Research Association EFFRA
seit 2009	Vizepräsident des EUREKA-Clusters Manufuture Industry MF.IND
seit 2009	Vizedirektor von Manufuture BW e.V.

50 Jahre IFU
TU Braunschweig

INVESTITIONEN FÜR DIE FABRIK DER ZUKUNFT

Engelbert Westkämper
Prof. Dr.-Ing. Dr.-Ing. E.h. Dr.h.c. (mult)

Em. director of Industrielle Fertigung und Fabrikbetrieb, Univ. Stuttgart
Em. Director of Fraunhofer-Institute IPA, Stuttgart
GPS Gesellschaft für Produktionssysteme, Stuttgart
Mitglied der EU High Level Groupe TP ManuFuture

Engelbert Westkämper
Prof. Dr.-Ing. Prof. E.h. Dr.-Ing. E.h. Dr. h.c. (mult)

©Westkämper

40 Years of de-industrialisation in US and Europe

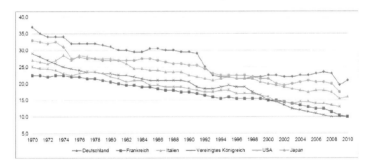

Engelbert Westkämper
Prof. Dr.-Ing. Prof. E.h. Dr.-Ing. E.h. Dr. h.c. (mult)

©Westkämper

Entwicklungsfelder der Produktion

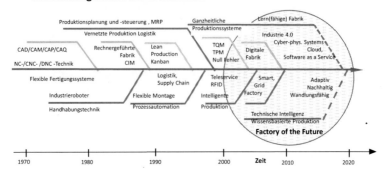

Adding Value in Relation to global GDP

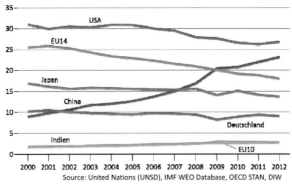

Moderne Industrie-Politik

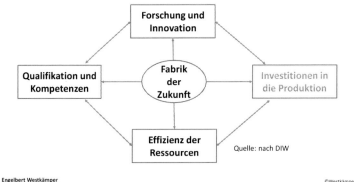

Quelle: nach DIW

Engelbert Westkämper
Prof. Dr.-Ing. Prof. E.h. Dr.-Ing. E.h. Dr. h.c. (mult)

©Westkämper

Intensität der Investitionen in Sektor der Manufacturing-Industrie im Vergleich zu Deutschland

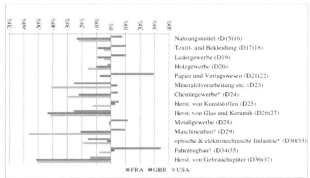

Quelle: WIOD; Schätzungen des DIW

Engelbert Westkämper
Prof. Dr.-Ing. Prof. E.h. Dr.-Ing. E.h. Dr. h.c. (mult)

©Westkämper

Gross Capital Investment 1995 – 2012 in Manufacturing Industries

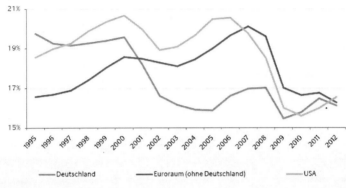

—— Deutschland —— Euroraum (ohne Deutschland) —— USA

Quelle: AMECO, eigene Berechnungen, BMF

Europas Investitionsschwäche

- **Europas Folgen der Krise von 2008/2009**
    - Sinkende Investitionsquote in der verarbeitenden Industrie
    - Investitionen in Regionen mit günstigen Rahmenbedingungen
    - Kapazitätsabbau
    - Überalterung der Produktion

- **Fremdkapital zu günstigen Bedingungen**
    - Niedrige Zinsen
    - Junkers EU investment plan

- **Investitionen sind der Schlüssel für**
    - Strukturveränderungen
    - Implementierung neuer Technologien
    - Wachstum und Wertschöpfung
    - Nachhaltigkeit

- **Europa braucht eine für „Investment in Manufacturing"**

Engelbert Westkämper
Prof. Dr.-Ing. Prof. E.h. Dr.-Ing. E.h. Dr. h.c. (mult)

©Westkämper

Investment and Profit in Europe

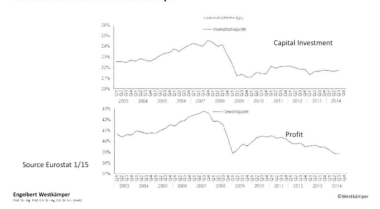

Source Eurostat 1/15

Engelbert Westkämper

Investitionen und De-Investition

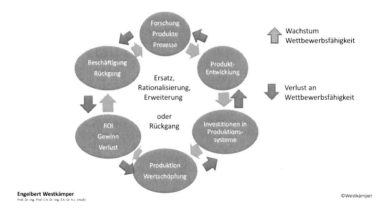

Engelbert Westkämper

Relation der forschungsintensiven Industrie zur nat. Wertschöpfung

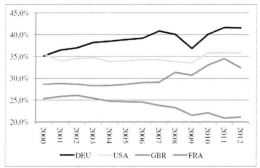

Verlust an Produktivität - Opportunitätsverluste

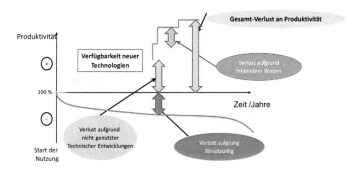

Fabrikplanung und Arbeitswissenschaft

Permanente Optimierung von Produktionssystemen

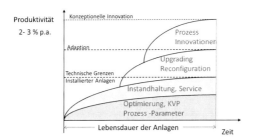

Engelbert Westkämper
Prof. Dr.-Ing. Prof. E.h. Dr.-Ing. E.h. Dr. h.c. (mult)

©Westkämper

Visions for Manufacturing 2030 – Re-Industrialization of Europe

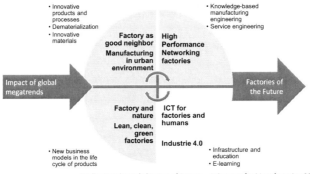

Quelle: Reindustrialialization of Europe – A Concept for Manufacturing 2030
Springer Verlag, 2014

Engelbert Westkämper
Prof. Dr.-Ing. Prof. E.h. Dr.-Ing. E.h. Dr. h.c. (mult)

©Westkämper

Visionen für Fabriken der Zukunft
Factories of the Future ManuFUTURE Industry

Engelbert Westkämper
Prof. Dr.-Ing. Prof. E.h. Dr.-Ing. E.h. Dr. h.c. (mult)

©Westkämper

Technologien mit hohem Zukunftspotential

- **Flexible Automatisierung, Adaptitvität, Wandlungfsfähigkeit**
  - Mass customization
  - Flexible und adaptive Produktionssysteme
  - Additive Manufacturing
- **Prozess-, Qualitäts- und Messtechnik**
  - Sichere Produktion oberhalb heutiger Grenzbereiche (null-Fehler)
  - Prozessintegrierte Messtechnik
  - Intelligente Automation
- **High Performance Technologien**
  - Hochgeschwindigkeit, Hochleistung
- **Efficienz der Ressourcen Energie und Material**
- **Industrie 4.0**
  - Cyber-Physische Informations- und Kommunikationstechnik

Engelbert Westkämper
Prof. Dr.-Ing. Prof. E.h. Dr.-Ing. E.h. Dr. h.c. (mult)

©Westkämper

Cyber-Physische-Systeme „Industrie 4.0"

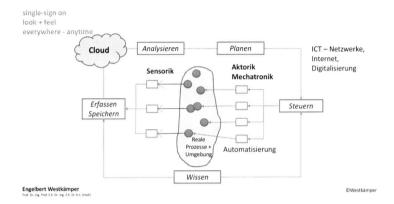

Vision: Manufacturing in the digital Age

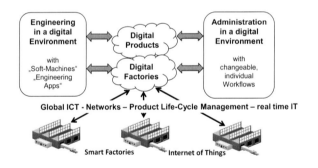

Digitale Produkte – Digitale Produktion

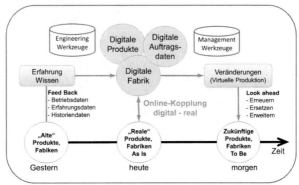

Everywhere -Anytime→ „Engineers – World"

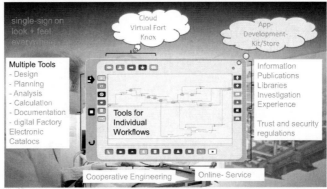

Fabrikplanung und Arbeitswissenschaft

Ausblick: Maschinen mit technischer Intelligenz

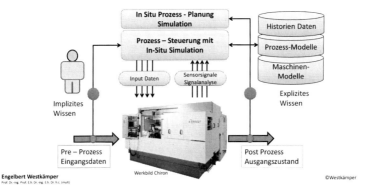

Engelbert Westkämper
Prof. Dr.-Ing. Prof. E.h. Dr.-ing. E.h. Dr. h.c. (mult)

©Westkämper

Fabriken haben regionale Wurzeln

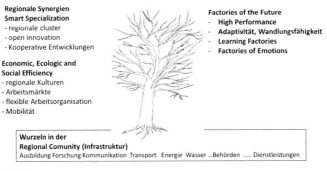

Engelbert Westkämper
Prof. Dr.-Ing. Prof. E.h. Dr.-ing. E.h. Dr. h.c. (mult)

©Westkämper

Investitionen in die IT Infrastruktur….. Industrie 4.0
Information Exchange any where and at any time

- Research Institutes
- Industrial Research
- Manufacturer
- Equipment Manufacturer
- Consultants Associations
- Universities
- Education org.

Public Organisations, Government, services

Internet Network for Manufacturing „Manufuture"

Private Service, Media Supply, Finance, Administration

- Best practice exchange
- Experience groups
- Tools for Management
- Electronic Books, Journals
- Output of Projects
- IT-Platforms
- Market Observers

Engelbert Westkämper
Prof. Dr.-Ing. Prof. E.h. Dr.-Ing. E.h. Dr. h.c. (mult)

Invetitionen in die Produktion und die öffentliche Infrastruktur

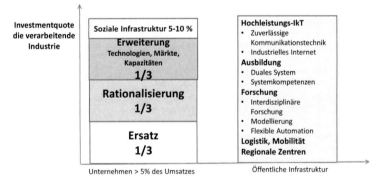

Investmentquote die verarbeitende Industrie

Soziale Infrastruktur 5-10 %	Hochleistungs-IkT
Erweiterung Technologien, Märkte, Kapazitäten **1/3**	• Zuverlässige Kommunikationstechnik • Industrielles Internet **Ausbildung** • Duales System • Systemkompetenzen
Rationalisierung **1/3**	**Forschung** • Interdisziplinäre Forschung • Modellierung • Flexible Automation
Ersatz **1/3**	**Logistik, Mobilität** **Regionale Zentren**

Unternehmen > 5% des Umsatzes   Öffentliche Infrastruktur

Engelbert Westkämper
Prof. Dr.-Ing. Prof. E.h. Dr.-Ing. E.h. Dr. h.c. (mult)   ©Westkämper

Zusammenfassung

- Europa verzeichnet seit 50 Jahren einen Rückgang der verarbeitenden Industrie am Brutto-Sozialprodukt.
- Seit der Finanzkrise ist ein Rückgang der Investitionen in die verarbeitende Industrie zu verzeichnen.
- Visionen der Re-Industrialisierung und der Fabrik der Zukunft erfordern eine Kapitalisierung der Produktion und eine leistungsfähige I&K-Infrastruktur.
- Der Kapitalbedarf pro Arbeitsplatz steigt weiterhin.
- Die Investitionsschwerpunkte verlagern sich auch auf die indirekten Bereiche.
- Die öffentliche Hand (Staat) trägt mit Investitionen zur regionalen Infrastruktur erheblich zur Wettbewerbsfähigkeit bei.

Engelbert Westkämper
Prof. Dr.-Ing. Prof. E.h. Dr.-Ing. E.h. Dr. h.c. (mult)

©Westkämper

Fabrikplanung - Zukunftsfähige Fabrikstrukturen energie- und ressourceneffizient betreiben

Univ.-Prof. Dr.-Ing. habil. Prof. E. h. Dr. h. c. mult. Michael Schenk

Institutsleiter

Fraunhofer-Institut für Fabrikbetrieb und -automatisierung IFF

Geschäftsführender Institutsleiter

Institut für Logistik und Materialflusstechnik (ILM), Fakultät für Maschinenbau, Otto-von-Guericke-Universität Magdeburg

Curriculum Vitae

Prof. Dr.-Ing. habil. Michael Schenk, geb. am 16. April 1953. Nach dem Studium der Mathematik an der Technischen Hochschule Magdeburg Aufnahme der Tätigkeit als IT-Manager in einem Großunternehmen der Armaturenindustrie. 1983 Promotion zum Dr.-Ing. auf dem Gebiet der Fabrikplanung. 1988 Habilitation zum Themenfeld der Produktionsplanung und -steuerung und

1989 Berufung zum Hochschuldozenten für Produktionsprozesssteuerung am Institut für Betriebsgestaltung der TU Magdeburg. 1992 Übernahme der Leitung des Bereiches Logistik und Produktionsprozesssteuerung am Fraunhofer-Institut für Fabrikbetrieb und -automatisierung (IFF) in Magdeburg.

Seit 1994 Institutsleiter des Fraunhofer IFF. 2003 Berufung zum Universitätsprofessor - Lehrstuhl für Logistische Systeme - an der Fakultät für Maschinenbau, der Otto-von-Guericke-Universität Magdeburg. Seit 2014 hier auch geschäftsführender Institutsleiter des Instituts für Logistik und Materialflusstechnik (ILM).

Ausgewählte Gremien: Mitglied des Präsidiums der Fraunhofer-Gesellschaft (FhG) und Vorsitzender des Verbunds Produktion der FhG, Mitglied des Wissenschaftlichen Beirats der Bundesvereinigung Logistik e.V. (BVL), Mitglied des Wissenschaftlichen Beirats der Jenoptik AG.

Von 2009 bis 2014 Vorsitzender des Regionalbeirats und Mitglied des Präsidiums des Vereins Deutscher Ingenieure e.V..

Fabrikplanung - Zukunftsfähige Fabrikstrukturen energie- und ressourceneffizient betreiben

Univ.-Prof. Dr.-Ing. habil. Prof. E. h. Dr. h. c. mult. Michael Schenk,

Dipl.-Ing. Holger Seidel

Zusammenfassung

Die Ressourcen- und Energieeffizienz ist eng mit der Wandlungsfähigkeit von Fabrikstrukturen verbunden. Entscheidende Voraussetzungen dafür werden bereits im Planungsprozess geschaffen. Der durchgängige Einsatz digitaler Werkzeuge spielt dabei eine Schlüsselrolle. Ausgehend von einem geometrischen Gebäudemodell und dessen Verknüpfung mit Prozessmodellen lassen sich die Energieflüsse der zukünftigen Fabrik analysieren und Entscheidungen auf Basis von Szenariorechnungen treffen.

Als Methoden und Werkzeuge in der Betriebsphase kommen eine hilfsgrößen-gestützte Bestimmung von aktuellen Energieverbräuchen, eine energie-optimierte Produktionsplanung und das Cross-Energy Management für die Berücksichtigung unterschiedlicher Energieträger und interner Kreisläufe zum Einsatz. Insbesondere der letzte Aspekt gewinnt an Bedeutung, wenn er aus dem Betrachtungsrahmen der einzelnen Fabrik hinaus auf Industrieparks übertragen wird.

1 Zukunftsfähige Fabrikstrukturen sind wandlungsfähig

Fabrikstrukturen unterliegen einer ständigen Veränderung, die aktuell vor allem durch eine weiter voranschreitende Globalisierung von Wertschöpfungsketten, verkürzte Innovations- und Technologielebenszyklen, eine Verschmelzung klassischer Produktions- mit IuK-Technologien, stärkere Kundenindividualisierung von Produkten und Dienstleistungen und ein Umdenken hin zu einer schonenden Nutzung natürlicher Ressourcen getrieben werden. Diesen Herausforderungen müssen Unternehmen mit der Gestaltung von Fabrikstrukturen begegnen, welche sich besonders durch einen hohen Grad an Anpassungsfähigkeit, Entwicklungsfähigkeit, Schnelligkeit und Wirtschaftlichkeit auszeichnen – den Wandlungsfähigen Fabriken (Nyhuis2008, Schenk2014).

Fabrikplanung und Arbeitswissenschaft

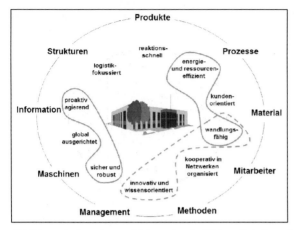

Abbildung 1: Gestaltungsfelder zukunftsfähiger Fabrikstrukturen (Schenk2009)

Die Wandlungsfähigkeit einer Fabrik ist eng mit der Nachhaltigkeit als verantwortungsvolles wirtschaftliches Handlungsprinzip mit ökonomischen, sozialen und insbesondere ökologischen Dimensionen verbunden (Dombrowski2012).

Eine hohe Flexibilität als wesentliches Element der Anpassungsfähigkeit bedeutet heute häufig noch, dass sich Fabrikstrukturen (Elemente, Relationen) innerhalb vorgegebener Grenzen schnell und aufwandsarm an geänderte Rahmenbedingungen aus Beziehungen zwischen Marktteilnehmern, wie große Variantenvielfalt von Produkten, schwankende Auftragsgrößen, kurze Lieferfristen, Qualitätsanforderungen, anpassen lassen. Oftmals bleiben hierbei Faktoren eines effizienten Einsatzes von Energie und Ressourcen oder Tendenzen einer zunehmenden Verknappung von Produktionsressourcen, wie Energie, Rohstoffen aber auch Arbeitskräften, unberücksichtigt. Einflüsse aus dem gesellschaftlichen Umfeld, wie der Umbau der Energiesysteme hin zur Nutzung regenerativer Quellen, schaffen zusätzliche Herausforderungen. Zukunftsfähige Konzepte zur Produktivitätssteigerung müssen den bisher schwer integrierbaren Faktor der Energieeffizienz nicht separat, sondern mit all seinen Wechselwirkungen mit den klassischen Zielgrößen einer effizienten Fertigung wie konsequente Vermeidung von Verschwendung jeglicher Art, Durchlaufzeitminimierung durch Automatisierung und Lean Logistic und geringe Bestände optimieren, um daraus Wettbewerbsvorteile zu generieren.

2 Der Planungsprozess von Fabriken als Schlüssel zur Energie- und Ressourceneffizienz

Im Planungsprozess wird die Energie- und Ressourceneffizienz von Fabriken determiniert. Alle hier getroffenen Entscheidungen zu angewendeten Fertigungstechnologien, Art und Anzahl eingesetzter Produktionsanlagen, Layout, Gebäudestruktur, eingesetzten Transport-, Ver- und Entsorgungssystemen, Auslegung der Betriebsdatenerfassung und angewendeten Verfahren zur Produktionsplanung und -steuerung haben Auswirkungen auf die

Wandlungsfähigkeit der Fabrik bzw. schränken Möglichkeiten einer hohen Energie- und Ressourceneffizienz – im Planungsprozess häufig unbemerkt – deutlich ein.

Der Einsatz der Digitalen Fabrik als umfassendes Netzwerk von digitalen Modellen und Methoden bietet über den gesamten Lebenszyklus beginnend bei der Planung einer Fabrik enorme Vorteile (VDI 4499). Mittels „Building Information Modeling" (BIM) wird ein digitales Abbild der Fabrik erschaffen, ein sogenannter „Digitaler Zwilling". In diesem sind zunächst alle relevanten geometrischen Fabrikdaten digital erfasst und können als virtuelles Fabrikmodell visualisiert werden. Alle Beteiligten können das Modell nutzen und sich auf den gleichen Informationsstand beziehen. Die notwendigerweise in dieser Phase häufig auftretenden Änderungen der Planung, z. B. im Gebäudeentwurf, Leitungsnetzwerk oder Logistikkonzept, können weitestgehend minimiert werden.

Der wirkliche Nutzen digitaler Fabrikmodelle ergibt sich aus ihrer durchgängigen Nutzung und der strukturellen, funktionalen Anreicherung digitaler Modelle durch Material-, Informations- und Energieflüsse. Eine weitere Ergänzung sind Simulationsmodelle, mit denen sich Planungsstände oder Produktionsszenarien hinsichtlich der Erreichung angestrebter Zielkriterien wie Kosten, Flächenbedarf, Energieverbrauch, Lebenszykluskosten bewerten lassen.

Zur strukturellen Beschreibung eines Produktionssystems eignet sich die elementbasierte Form, welche das System mit seinen Elementen und deren Relationen charakterisiert. Mit der Spezifizierung weiterer Subsysteme können Hierarchien gebildet und die Granularität des Modells verfeinert werden. In Abbildung 2 ist ein Metamodell eines Produktionssystems dargestellt, dessen Modellelemente zur konkreten strukturalen Abbildung eines Systems nach energetischen Gesichtspunkten dienen.

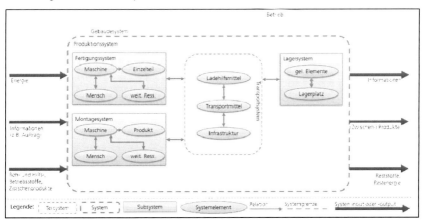

Abbildung 2: Gestaltungsfelder zukunftsfähiger Fabrikstrukturen (Schenk2009)

Neben Energie gehen auch Informationen (z. B. Aufträge) und Roh-, Hilfs- und Betriebsstoffe sowie ggf. Zwischenprodukte in das System als Input ein. Das Produktionssystem selbst unterteilt sich bei einer Produktion mit Fertigungstechnik in ein Fertigungs- und Montagesystem, welche Subsysteme darstellen. Diese stehen über dem Transportsystem (logisches Teilsystem) mit dem Lagersystem in Relation. Energetisch relevante Systemelemente stellen u. a. Maschinen, Ressourcen und Transportmittel dar. Systemoutput stellen wiederum Informationen, (Zwischen-) Produkte und Reststoffe sowie nicht weiter nutzbare Restenergie dar.

Durch Verknüpfung mit einem Prozessmodell (Abbildung 3), welches den Fertigungsablauf verschiedener Produkte A und B im Zusammenhang mit genutzten Maschinen (M), Mitarbeitern (MA) und spezifischen Prozesszeiten (PZ), Lohnkosten (LK), spezifischen Energieverbräuchen (EV) und Puffergrößen (PG) abbildet, können Zielgrößen wie Ausbringungsmenge, Durchlaufzeit, Bestände, Engpässe bestimmt und als neuer Ansatz auch Energiezuwachskurven ermittelt werden. Das Prozessmodell selbst kann aus einem Modulbaukasten mit Elementen (z. B. unterschiedliche Fertigungsverfahren oder Maschinen mit speziellen Energieverbräuchen) bestückt werden, um Alternativen zu überprüfen.

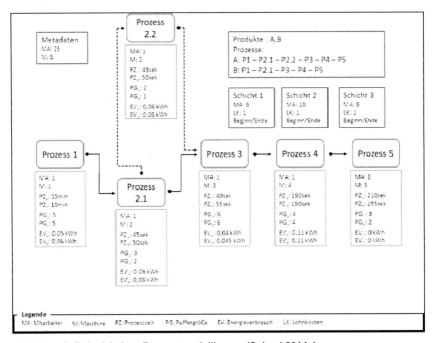

Abbildung 3: Beispiel einer Prozessmodellierung (Schenk2014a)

Im Sinne des Lean-Gedankens wird heute ein möglichst später Anstieg der Wertzuwachskurve durch Kapitalbindung angestrebt. Aus energetischer Sicht bedeutet dies, dass besonders energieintensive Fertigungsschritte möglichst an das Ende der Prozesskette verlagert werden sollten. Hiermit beeinflusst die Planung energieeffizienter Fabrikstrukturen direkt die spätere Kapitalbindung bzw. die Produktionskosten mit dem Energiekostenanteil.

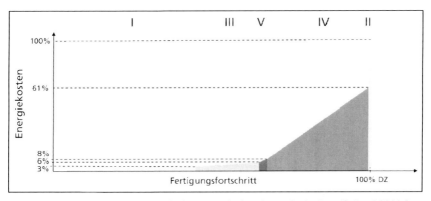

Abbildung 4: Energiekostenzuwachskurve nach dem Lean-Gedanken (Schenk2014a)

3 Methoden und Werkzeuge für einen nachhaltigen Fabrikbetrieb

Die Basis für jegliche Optimierung ist die Kenntnis der wichtigen Einflussgrößen. Wenn eine Fabrik in der Planungs- und Aufbauphase bereits auf einen nachhaltigen Betrieb ausgelegt wurde, dann ist damit auch eine Infrastruktur zur Erfassung von Energie- und Ressourcenflüssen integriert. In der gegenwärtigen Realität sind Fabriken jedoch oft gewachsene Strukturen, bei denen eine solche Infrastruktur nur in Ansätzen vorhanden ist. Gerade in KMU übersteigt der zeitliche und finanzielle Aufwand zur Erhebung von Daten eines zeitlich und räumlich aufgelösten Energie- und Ressourcenverbrauchs oft die marktwirtschaftlich sinnvollen Möglichkeiten, weil z. B. ältere Maschinen aufwändig nachzurüsten wären oder keine separaten Zähler existieren. Diesem zentralem Problem kann mittels eines innovativen Ansatzes begegnet werden: Durch „Indirektes Messen" (Kabelitz2015). Bei dieser Methode werden die relevanten Verbrauchsdaten durch solche Hilfsgrößen abgeschätzt, die auch in den meisten gewachsenen Fabrikstrukturen vorhanden sind. Beispielsweise könnte eine Schätzgröße für den Energiebedarf eines Fertigungsschritts über die Verwendung von Anlagentyp, Baujahr, Nennleistung und OEE Index (Overall Equipment Effectiveness) nutzbar werden, ohne dass ein separates Messgerät für die aufgenommene Leistung installiert werden muss.

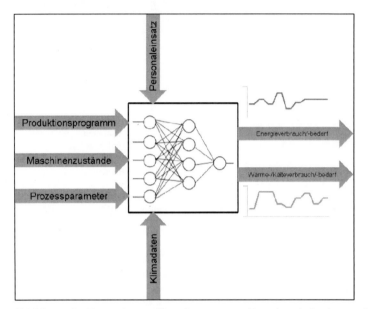

Abbildung 5: Konzept zur Berechnung von Energieverbräuchen auf Basis von beispielhaften Hilfsgrößen (Fraunhofer IFF)

Ein entsprechendes Konzept wurde am Fraunhofer IFF entwickelt (Abbildung 5) und in einem Software-Prototypen „eBIM" umgesetzt. Diese Software kann basierend auf Matlab/Simulink und einer Kombination von künstlichen neuronalen Netzwerken (KNN) und Fuzzy-Logic nicht nur ganzheitliche Berechnungen durchführen, sondern ermöglicht darüber hinaus auch Energiebedarfsvorhersagen anhand von Planungsdaten.

Ergänzend lässt sich die Abhängigkeit des Energieverbrauchs von der Leistungsintensität (Stückzahl pro Zeiteinheit) über die Verwendung von Daten des ERP-Systems abschätzen (Kolomiichuk2015).

Wenn einmal die Information über den Energie- und Ressourcenverbrauch in ausreichender Auflösung zur Verfügung steht, dann wird als nächster Schritt ein System benötigt, dass die Minimierung des Gesamtverbrauchs mit den Lean-Parametern der Produktionsplanung (z. B. minimierte Lagerhaltung) übergreifend verarbeiten kann. Hierzu wurde am Fraunhofer IFF das System EoPP entwickelt (Kabelitz2015). Die Software ermittelt dynamisch Vorschläge für einen optimalen energieorientierten Produktionsplan aus den jeweiligen Randbedingungen zusammen mit der prognostizierten Energieverfügbarkeit – etwa auf der Basis einer Wetterprognose als Haupteinfluss auf die Ausbeute von Photovoltaik- und Windkraftanlagen. In Abbildung 6 ist der Vergleich zweier Steuerungsszenarien zu sehen, die auf unterschiedliche Weise die Energieverfügbarkeit berücksichtigen.

Abbildung 6: Mit EoPP liegt ein Werkzeug zur energieoptimierten Produktionsplanung vor (Kabelitz2015)

Die Ausgangssituation ist durch den Verlauf des Strompreises und die Abfrage der Bedarfe charakterisiert. Der Strompreis hat an dem gewählten Referenztag ein Minimum um etwa 3:00 Uhr morgens und steigt dann kontinuierlich an. Die Produktion muss drei Aufträge (Bedarfe) am Ende des Tages gefertigt haben.

Im Fall der Lean-Strategie zeigt sich ein kontinuierlicher Produktionsprozess, der sich vor allem am sägezahnförmigen Verlauf der Lagermenge ablesen lässt. Bis zur Abfrage des ersten Bedarfs steigt sie kontinuierlich an, sinkt dann um die nachgefragte Menge, um dann wieder leicht anzusteigen.

Im Fall der energieoptimierten Produktionsplanung ist die Produktion zwischen 0:00 Uhr und 6:00 Uhr im maximalen Betrieb, da hier der Strompreis tagesbezogen am geringsten ist. Der Energieverbrauch ist hier konstant. Das hat zur Folge, dass sehr viele Endprodukte sehr lange gelagert werden. Bis 15:00 Uhr ist die komplette Menge an nachgefragten Endprodukten gefertigt und wird zu den entsprechenden Zeitpunkten aus den Lagern abgerufen.

Das Beispiel verdeutlicht den Zielkonflikt zwischen der Produktionssteuerung nach klassischen Zielgrößen und energieoptimierter Ausrichtung. Ein Gesamtoptimum kann nur durch integrierte Betrachtung mit entsprechender Gewichtung der Zielgrößen bestimmt werden. Wenn dieser Schritt allerdings realisiert ist, dann ist dadurch auch die Voraussetzung gegeben, auf sich ändernde Rahmenbedingungen wandlungsfähig zu reagieren.

Ein weiterer Ansatz zur Steigerung der Energieeffizienz ist die ganzheitliche Cross-Integration der Energieträger Elektrizität, Wärme, Druckluft und Stoffe sowie die Analyse und formale Spezifikation der Wechselwirkungen der Energieträger untereinander wie auch mit

Gebäude und Betriebsmitteln durchzuführen. Hierzu müssen auch die Abhängigkeiten zu den Energie-, Material- und Informationsflüssen und den Abläufen untereinander untersucht und beschrieben werden, um eine kontinuierliche Verbesserung des Energieeinsatzes und der Prozessgestaltung unter Berücksichtigung der Energieerzeugung, -speicherung und -umwandlung zu erreichen.

Anschaulich wird das Potenzial der energieträgerübergreifenden Optimierung, wenn ein Abfallprodukt eines Prozesses zum Betrieb eines anderen Prozesses verwendet werden kann, also beispielsweise die Abwärme einer Anlage zum Vorheizen einer anderen genutzt wird (siehe Abbildung 7). Erste Anwendungen liegen mit der Konzeption des Meta Modells CEMo vor, mit welchem am Fraunhofer IFF der Einsatz mehrerer Energieträger und ihrer Wechselwirkungen modelliert wird. Auf Grundlage des „Cross-Energy" Modells sind Analysen möglich, mit denen zukünftig neue Potenziale erschlossen werden können (Kolomiichuk2013).

4 Vernetzung von Produktion und Energiewandlung als Leitgedanke für weitere Entwicklung

Der Gedanke des Cross-Energy Managements gewinnt eine zusätzliche Tragweite, wenn man den Betrachtungsrahmen von der einzelnen Fabrik hin zu Industrieparks bzw. ganzen Regionen erweitert. Erst wenn tatsächlich viele unterschiedliche Energieträger im betrachteten System zum Einsatz kommen, können große Potenziale aus Bereitstellung, Speicherung und Wiederverwendung in Nutzungskaskaden entstehen.

In zukünftigen Energiesystemen mit ihren verteilten Erzeugernetzwerken und einer großen Schwankungsbreite von Energieverfügbarkeit können Verluste vermieden werden, wenn die Notwendigkeit für Energiewandlung und -transport minimiert wird. Wie in Abbildung 7 schematisch dargestellt ist, beinhaltet eine effiziente Fabrik eigene Ressourcenkreisläufe, bleibt aber immer abhängig von der umgebenden Versorgungsinfrastruktur und dem Verbund benachbarter Unternehmen, vor allem, wenn diese eine differenzierte Branchen- und Technologiestruktur aufweisen.

Fabrikplanung und Arbeitswissenschaft

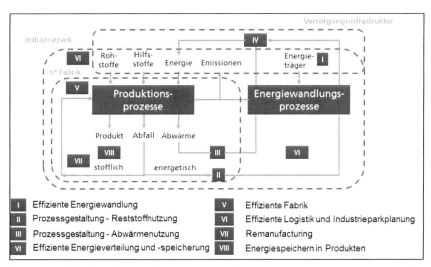

Abbildung 7: Schematische Darstellung von Energie- und Ressourcenflüssen in der effizienten Fabrik und Ihrer Umgebung

Den Betreibern von Industrieparks bietet sich durch gezielte Strukturveränderungen und Synchronisation von Betriebsprozessen die Möglichkeit, die Ressourcen- und Energieeffizienz des gesamten Standortes und damit die Wettbewerbsfähigkeit jedes ansässigen Unternehmens deutlich zu steigern (Schenk2013). Abbildung 8 illustriert schematisch die Synergiepotenziale: Mehrere Unternehmen teilen sich dabei ein Logistiknetzwerk und betreiben ein gemeinsames Energiemanagement. Dadurch lohnen sich gemeinsame Investitionen in Zwischenspeicher, Batterien oder Elektrofahrzeuge, die jedes Unternehmen für sich alleine nicht wirtschaftlich betreiben könnte.

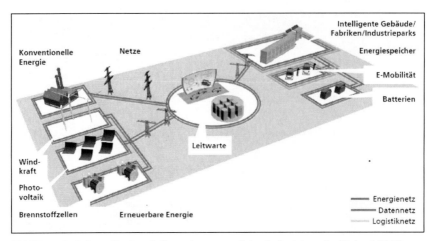

Abbildung 8: Schematischer Aufbau eines vernetzten Industrieparks (Schenk2013)

Wenn dazu noch Energie lokal erzeugt wird, z. B. mittels Photovoltaikanlagen auf dem Fabrikdach, dann wird ein weiteres Potenzial zur Effizienzsteigerung gehoben, nämlich die Verkürzung von Transportwegen.

Im konkreten Anwendungsfall müssen die Effizienzkriterien wiederum durch ein übergeordnetes Modell zusammen mit den klassischen Zielgrößen des Flächenmanagements und der Raumentwicklung, der Logistik, der Produktionssteuerung, der Verfahrenstechnik sowie der Infrastruktur greifbar werden. Ein solches fachübergreifendes semantisches Datenmodell als ER-Schema eines Industrieparks konnte im Rahmen des I3 Projektes am Fraunhofer IFF entwickelt werden. Damit ist es z. B. möglich, für die Ansiedlung eines neuen Unternehmens verschiedene Varianten zu evaluieren und eine Empfehlung für die insgesamt beste Lösungsvariante zu geben. Dafür wird die Methode des Analytic Hierarchy Process (AHP-Methode) verwendet, wie es beispielhaft in der Abbildung 9 dargestellt ist. Diese Methode basiert auf der Zuordnung der einzelnen Ziele hinsichtlich ihrer Wichtigkeit in einer Gewichtungsfaktor-Matrix. Daraus folgend wird ein Pool von relevanten alternativen Lösungen und Szenarien erstellt und so der Vergleich ermöglicht. Mit diesem Verfahren kann somit eine Entscheidung strukturell und hierarchisch durch einen Entscheidungsbaum dargestellt werden. Darüber hinaus macht es die AHP-Methode möglich, die Entscheidungsfindung des Entscheidungsträgers bzw. Industrieparkbetreibers sowie das Ergebnis objektiv nachzuvollziehen und mögliche Inkonsistenzen aufzudecken.

Fabrikplanung und Arbeitswissenschaft

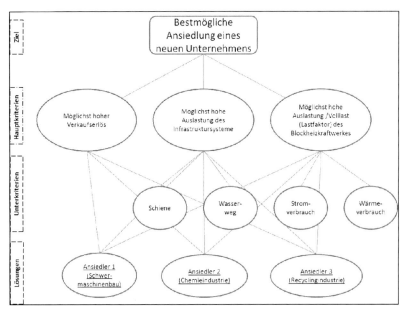

Abbildung 9: AHP-Modell für die Entscheidung der bestmöglichen Ansiedlung eines neuen Unternehmens (Fraunhofer IFF)

5 Ausblick

So wie ein Industriepark durch übergreifende Betrachtung von Transport, Umwandlung und Speicherung von Energie und Ressourcen effizienter werden kann, muss ein entsprechendes Vorgehen zukünftig für immer größere Strukturen Anwendung finden. Erst wenn Verbrauchernetzwerk und Erzeugernetzwerk gemeinsam optimiert werden, kann die Gesellschaft als Ganzes mit ihren Ressourcen nachhaltig wirtschaften und die globale Wettbewerbsfähigkeit gesichert werden.

Die Anwendung durchgängiger digitaler Modelle im Fabrikplanungs- und -betriebsprozess ist eine wesentliche Voraussetzung zur Verbesserung der Energie- und Ressourceneffizienz. Die Optimierung erfolgt zusammen mit den klassischen Produktionszielgrößen integriert und führt dadurch zu einer Zunahme der Komplexität von Variantenbewertung und Entscheidungsfindung, die erst mittels strukturierter Modelle und intelligenter Algorithmen beherrschbar wird. Hier liegen die Entwicklungsschwerpunkte der nächsten Jahre, zusammen mit der Gestaltung von Schnittstellen und Assistenzsystemen zur praktischen Anwendung im betrieblichen Alltag.

6 Literatur

Dombrowski2012: Dombrowski, U.; Mielke, T.; Schulze, S.; Scheele, E.: Produktion ganzheitlich optimieren, wt Werkstattstechnik online Jahrgang 102 (2012)– Springer.

Kabelitz2015: Kabelitz, S.; Gujjula, R.; Matke, M.: Zeitabhängige Modellierung für die energieorientierte Produktionsplanung, in Schenk M (Hrsg.): Tagungsband 16. Forschungskolloquium am Fraunhofer IFF, Forschung vernetzen, Innovation beschleunigen 2015.

Kolomiichuk2013: Kolomiichuk, S.; Kabelitz, S.; Müller, N.: Intelligentes Energiemanagement im Unternehmen – Energiebedarf in Abhängigkeit des geplanten Produktionsprogramms mit der Energiebereitstellung synchronisieren, Effizienz, Präzision, Qualtität - 11. Magdeburger Maschinenbau-Tage; 25. - 26. September 2013 In: Magdeburg: Univ.

Kolomiichuk2015: Kolomiichuk, S.; Kersten, M.; Seidel, H.: Energiedatenmanagement und ERP-Systeme – Umsetzung und Zukunftsstrategien, in: productivity management 20 (2015)

Nyhuis2008: Nyhuis, P.; Heinen, T.; Reinhart, G.; Rimpau, C.; Abele, E.; Wörn, A.: Wandlungsfähige Produktionssysteme : Theoretischer Hintergrund zur Wandlungsfähigkeit von Produktionssystemen. In: wt Werkstattstechnik online 98 (2008) Nr. 1/2, S. 85-91.

Schenk2009: Schenk, M.; Reh, D.: Die Fabrik der Zukunft – Gestaltungs- und Forschungsfelder. EMS- Tag, Würzburg, 25. Juni 2009

Schenk2013: Schenk, M.; Seidel, H.; Gohla, M.: ER-WIN - Intelligente, energieeffiziente regionale Wertschöpfungsketten in der Industrie. 3. Kongress Ressourceneffiziente Produktion. Fraunhofer IWU. Congress Center Leipzig, 27.02.2013

Schenk2014: Schenk, M.; Wirth, S.; Müller, E.: Fabrikplanung und Fabrikbetrieb: Methoden für die wandlungsfähige, vernetzte und ressourceneffiziente Fabrik, 2. Auflage - Springer.

Schenk2014a: Schenk, M.: Effizienz im Fabrik- und Anlagenlebenszyklus - Herausforderungen für die Zukunft. In: Michael Schenk (Hrsg.): 8. Tagung Anlagenbau der Zukunft, Bd. 8. 8. Tagung Anlagenbau der Zukunft. Magdeburg, 6.-7. März 2014. 8 Bände. Stuttgart: Fraunhofer Verlag, S. 21–25. Online verfügbar unter http://www.tagung-anlagenbau.de

VDI 4499: 2008-02: VDI-Richtlinie: VDI 4499 Blatt 1 Digitale Fabrik – Grundlagen, Beuth 2008

Kooperation zwischen Wissenschaft und Industrie – Ein Erfolgsmodell für die Fabrikplanung

Dr.-Ing. Jan Spies

Leiter Produktionsplanung

Volkswagen Nutzfahrzeuge

After Sales Service

Herausforderungen im After Sales Service eines Nutzfahrzeugherstellers

Ralf Kolshorn

Senior Vice President Parts Management

MAN Truck & Bus AG

Curriculum Vitae

Herr Ralf Kolshorn begann nach Abschluss des Maschinenbaustudiums im Jahr 1986 seine berufliche Tätigkeit als Sachverständiger bei der DEKRA AG in Braunschweig.

Anschließend wechselte er 1991 zur MAN Nutzfahrzeuge AG, Werk Salzgitter in den Bereich Produktionsplanung. Nach Durchführung verschiedener Projekte und anschließender Übernahme der Leitung der Prozessplanung LKW wechselte Herr Kolshorn 1999 in die Leitung des Vorläuferbaus LKW.

Im Jahre 2001 übernahm Herr Kolshorn die Leitung der Produktionsvorbereitung mit den Funktionen Prozessplanung, Änderungsmanagement, Vorläuferbau und Logistikplanung. Letztere galt es für den Standort Salzgitter neu aufzubauen und in den Geschäftsabläufen zu integrieren.

Im Jahr 2005 übernahm Herr Kolshorn die Verantwortung für die Leitung der Logistik LKW innerhalb der Geschäftseinheit „Schwere LKW" am Standort Salzgitter.

Mit Beginn des Jahres 2008 wechselte er in die Neoman Bus GmbH als Leiter der Geschäftseinheit Bus Chassis, in der er die Umstrukturierung der Bus-Sparte von einer Komplettbusproduktion in eine Bus-Chassis-Produktion inklusive der zugehörigen Logistik umsetzte.

Seit April 2009 leitet Herr Kolshorn die zentrale Ersatzteillogistik der MAN Truck & Bus AG mit Hauptsitz in Dachau.

After Sales Service

Parts Management
MAN Gruppe - Unternehmensstruktur

MAN SE

Geschäftsfelder	Commercial Vehicles			Power Engineering	
Unternehmen	MAN Truck & Bus	MAN Latin America		MAN Diesel & Turbo	Renk (76 %)
	Umsatz* 2014: 8,4 Mrd. €	Umsatz 2014: 2,3 Mrd. €		Umsatz 2014: 3,3 Mrd. €	Umsatz 2014: 0,5 Mrd. €

Beteiligungen Sinotruk (25% + 1 Aktie), **Scania** (17,4% Stimmrechte)

MAN Gruppe 2014: 14,3 Mrd. € Umsatz, 55.900 Mitarbeiter

*Alle Daten sind exklusive MAN Financial Services

Parts Management
MAN Truck & Bus AG – Nutzfahrzeuge und Transportlösungen

MAN Truck & Bus ist das größte Unternehmen der MAN Gruppe und einer der führenden Anbieter von Nutzfahrzeugen und Transportlösungen.

- Lkw von 7,5 bis 44 t Gesamtgewicht
- Schwere Sonderfahrzeuge bis 250 t Zuggesamtgewicht
- Stadt-, Überland- und Reisebusse sowie Bus-Chassis der Marke MAN sowie Luxus-Reisebusse der Marke NEOPLAN
- Industrie-, Marine- sowie On- und Offroadmotoren
- Umfangreiche Dienstleistungen rund um Personenbeförderung und Gütertransport

After Sales Service

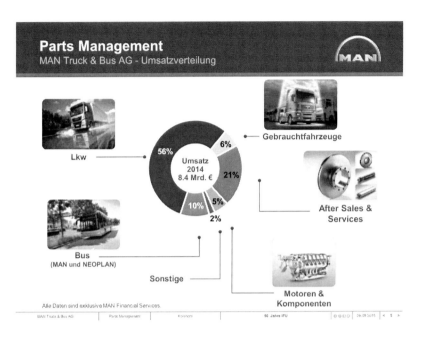

Parts Management
Die Herausforderung – Variantenvielfalt bei Nutzfahrzeugen

Komplexitätstreiber

- 57 **Grundtypen**
- Fahrzeuglängen von **5,40 m bis 11,80 m**
- **7,5 t bis zu 42 t** zulässiges Gesamtgewicht
- 5 Motortypen von **110 PS bis 680 PS**
- 8 **Fahrerhaustypen**
- **Luftfederung, Blattfederung und Mischbauweisen**
- Fahrzeuge mit **2, 3 und 4 Achsen**
- Hypoid- und Außenplanetenachsen
- Trommel- und Scheibenbremsen
- **Kundenspezifische** und aufbauspezifische **Fahrzeuganpassungen**

Parts Management
Die Herausforderung – Besonderheiten

Ausfallrisiko / Kosten

- **Fahrzeugstandzeiten** bedeuten **Verdienstausfall**
- **Volllastanteil** im Fahrbetrieb liegt bei über **20%** (PKW bei unter 1%)
- **Jährliche** Fahrleistung liegt bei ca. 74.000 km, im **Fernverkehr** bis zu **200.000 km**
- **Lieferverzögerungen** führen zu **Konventionalstrafen**
- Gefahr des **Totalausfalls** bei Defekten von z.B. Nebenabtrieb von Betonmischern, Klimaanlagen beim Reisebus
- **Kaum Ersatzfahrzeuge** wegen hoher Variantenvielfalt (außer Sattelzug)

After Sales Service

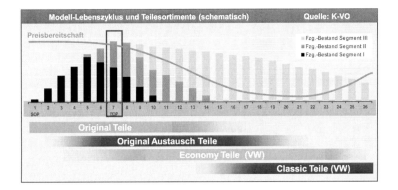

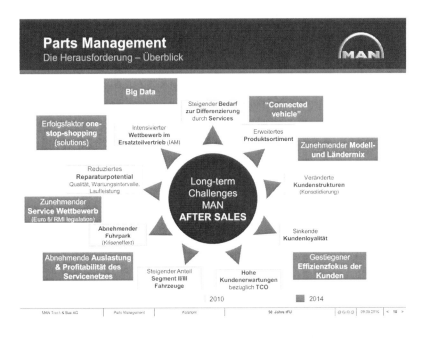

After Sales Service

Parts Management
Die Herausforderung – Beispiel: Servicenachfrage

2 Servicenachfrage

Gestern: Reaktiv (traditioneller Service)	**Heute:** Proaktiv (Service Care)	**Morgen:** Vorhersage (Big Data)
! | Service Werkstattbesuch basiert vorwiegend auf **Serviceereignis**	Proaktiv geplanter Werkstattbesuch möglich **nach** Generierung Servicenachfrage	Proaktiv geplanter Werkstattbesuch **vor** Generierung Servicenachfrage
durch manuelle **Kunden-Werkstatt-Interaktion**	durch manuelle **Kunden-Werkstatt-Interaktion**	durch **automatisierte Fahrzeug-Wartungssystem-**Interaktion und **Datenanalyse**
▶ **Bedarf reaktiv identifiziert** (historische Daten)	▶ **Bedarf in Echtzeit identifiziert** (hist. Daten)	▶ **Bedarf proaktiv identifiziert**

Parts Management
Agenda

1. Das Unternehmen

2. Die Herausforderung der Nachserienversorgung

3. **Die Logistik als wesentlicher Teil der Lösung**

4. Beispiel: Zentrale Planung und Steuerung des Liefernetzwerks

5. Zusammenfassung

After Sales Service

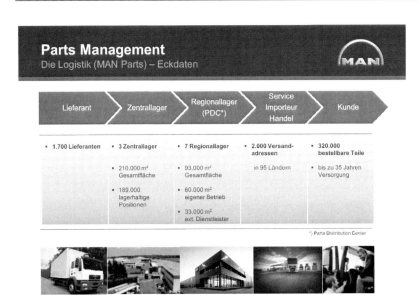

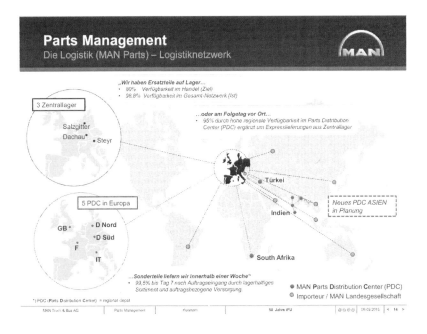

After Sales Service

Parts Management
Die Logistik (MAN Parts) – Supply Chain Management - Sortiment

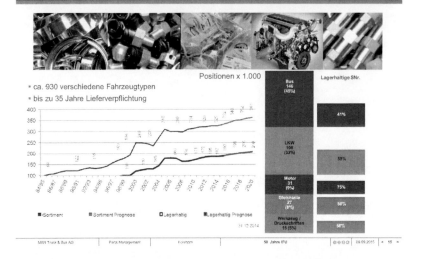

- ca. 930 verschiedene Fahrzeugtypen
- bis zu 35 Jahre Lieferverpflichtung

Parts Management
Die Logistik (MAN Parts) – Lieferperformance im Netzwerk

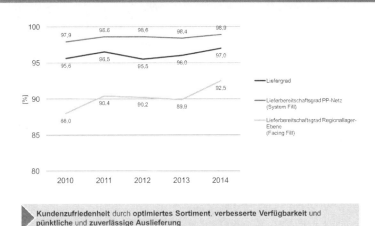

▶ **Kundenzufriedenheit** durch **optimiertes Sortiment**, verbesserte Verfügbarkeit und **pünktliche** und **zuverlässige Auslieferung**

After Sales Service

Parts Management
Die Logistik (MAN Parts) – Unsere Werte

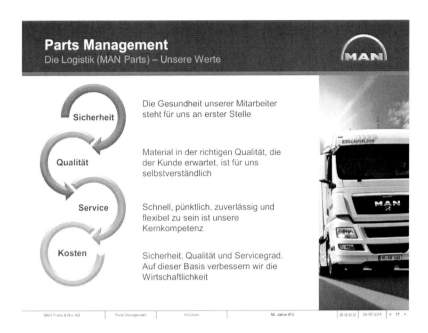

- **Sicherheit**: Die Gesundheit unserer Mitarbeiter steht für uns an erster Stelle
- **Qualität**: Material in der richtigen Qualität, die der Kunde erwartet, ist für uns selbstverständlich
- **Service**: Schnell, pünktlich, zuverlässig und flexibel zu sein ist unsere Kernkompetenz
- **Kosten**: Sicherheit, Qualität und Servicegrad. Auf dieser Basis verbessern wir die Wirtschaftlichkeit

Parts Management
Agenda

1. Das Unternehmen
2. Die Herausforderung der Nachserienversorgung
3. Die Logistik als wesentlicher Teil der Lösung
4. **Beispiel: Zentrale Planung und Steuerung des Liefernetzwerks**
5. Zusammenfassung

After Sales Service

Parts Management
Beispiel (plan@parts) – Zielsetzung des Projekts plan@parts ist ...

...die **Optimierung** der **gesamten Supply Chain** durch **zentrale Steuerung** der weltweiten Bestände und deren Verfügbarkeit.

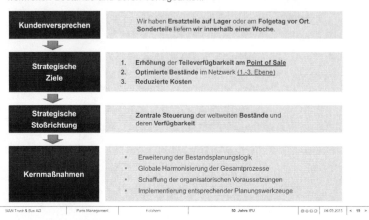

Parts Management
Beispiel (plan@parts) – Projektsteckbrief

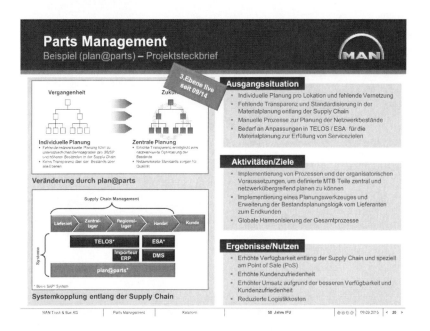

After Sales Service

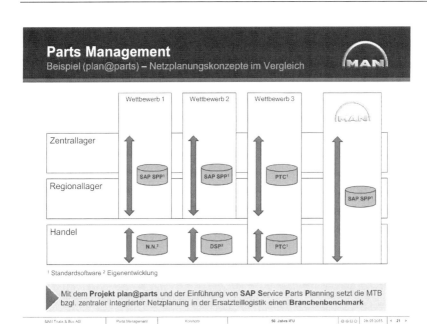

After Sales Service

Parts Management
Zusammenfassung

- Die Bedeutung des After Sales im Unternehmen hat in den vergangenen Jahren zugenommen und wird weiter zunehmen
- Der After Sales mit Service und Teileversorgung wird im Nutzfahrzeuggeschäft zum entscheidenden Faktor bei der Neubeschaffung von Fahrzeugen
- Die richtigen Ersatzteile direkt in der Werkstatt auf Lager zu haben bleibt einer der wesentlichen Erfolgsfaktoren für den After Sales
- Die Anforderungen bestehen weltweit. Die Umsetzung einer globalen Belieferungsstrategie mit optimaler Belieferung vor Ort ist essenziell für globales Wachstum
- Das Nutzfahrzeug wird Bestandteil einer integrierten Tarnsportlösung

Haben Sie noch Fragen?

Ralf Kolshorn

MAN Truck & Bus AG
Max-Planck-Straße 1
85221 Dachau

☎ +49 8131 290 540
Ralf.Kolshorn@man.eu

Vielen Dank für Ihre Aufmerksamkeit

Lehre im
Advanced Industrial Engineering and Management

A New Model of Industrial Engineering and Management in Higher Education

Prof. Ing. Giovanni Mummolo

Full Professor of Industrial Engineering

Politecnico di Bari, Italy

President of the European Academy for Industrial Management

Curriculum Vitae of Giovanni Mummolo (August 2015)

Born in Bari on 2 February 1957.

Giovanni Mummolo is full professor of graduate and post-graduate industrial engineering courses at the Polytechnic of Bari (Italy), Dept. of Mechanics, Mathematics, and Management. His main fields of research are in production management, human reliability in production systems, and design of industrial plants. On these subjects, he acts as author and referee of many international journals (e.g.: Int. J. of Project Management, Journal of Intelligent Manufacturing, Production Planning & Control). He is responsible for several industrial research programs.

He has been responsible for the PhD course "Organization, Work, and Innovation of Production Process" as well as of MS and bachelor curricula of Industrial Management offered at the Polytechnic of Bari. He is responsible of the Double Degree programs in Mechanical Engineering jointly offered by the Polytechnic of Bari and the Polytechnic Institute of the New York University.

Appointed by election, President of the European Academy for Industrial Management for the 2011-2017 term.

A New Model of Industrial Engineering and Management in Higher Education

Prof. Ing. Giovanni Mummolo

Summary

After a short introduction of the European Academy for Industrial Management, the author outlines the role of Higher Education (HE) on Industrial Engineering and Management (IE&M) in the international manufacturing competitiveness. Talent-driven innovation is considered by most industrialized countries like US, Japan, Germany as the top ranked key driver for competitiveness while other competitive countries in the international scenario, i.e. India, China and Brazil are considered competitive for low labour and materials costs.

Knowledge issues are analysed in Europe. Quantitative and qualitative HE skill gaps are identified: the former relates to a deficit of demand vs. offer of skilled/knowledge workers; the latter deals with a gap in the subjects of classical academic curricula if compared with industry needs. Gaps are expected to increase due to two main European phenomena: workforce aging and the increasing competence required to implement the concepts of 'Industry 4.0' programme. To properly answer the big demand of knowledge workers and fill the gap of education, a new HE Model of IE&M is required. The model aims at answering these big questions meanwhile considering structural constraints of a large part of the European university system.

The New Educational Model is being conceiving by a set of academic and industrial partners. The implementation and dissemination of the model require a new multi-University/Industry system conceived as a University organization: the European Graduate School of Industrial Engineering and Management (ESIEM). The expected fundamental role of the School are: updating the BoK of IE&M in Europe; promoting the renewal / certification process of educational activities; disseminate the model to boost talent-driven innovation in Europe.

1. The European Academy for Industrial Management: a short introduction

The European Academy for Industrial Management (AIM) was founded in 1984 as the 'European Academy for Technical Plant Management'. The first nucleus of AIM consisted of 14 European Universities. AIM fellows are selected, by a co-optation mechanism, from among outstanding full professors all of them having relevant position in the university and strong relationships with industry. At current in AIM are represented 34 Universities of 22 European Countries of European Higher Education Area. AIM pursues to be the leading European Academy developing and promoting education and research in the field of Industrial Engineering and Management. Manufacturing and Service Systems are fields of investigations: they have to be conceived and operated consistently with the pillars of a Sustainable Development of European Economies. AIM pays great attention to international education and research networking. It recently defined important agreements with the Associaçao Brasileira de Engenharia de Produçao (ABEPRO), a big association of Production Engineers of south America, as well as with the Institute of Industrial

Engineers (IIE).
An AIM working group is conceiving and promote, jointly with industrial partners, a new education model of IE&M consistent with industry needs (see further in the paper).

2. Knowledge in the International Competition

A survey on Countries Manufacturing Competitiveness has been recently carried out by Deloitte and The US Manufacturing Council (Deloitte et al., 2013). The survey involved about 550 CEO and senior manufacturing leaders and was aimed at identifying key drivers for manufacturing competitiveness and a ranking of most competitive Countries. Competitiveness was evaluated by the index ranking, a composite index of 40 sub-components. The evaluations were expressed as percentages of executives considering a country as competitive for a given key driver for manufacturing.

Chief Executive Officers and manufacturing leaders evaluate 'Talent driven innovation' as the main driver. Sub-components 'Quality and availability of researchers, scientists and engineers' as well as of 'skilled labor' were the first two top ranked drivers.

The survey was referred to the current international situation as well as on a forecast in 5 years. The Countries considered as most competitive for talent-driven innovation were Germany, US and Japan and, at a lower, extent India. China, Brazil and India were considered competitive on cost of labor and materials. 'Physical infrastructures' availability was the second top ranked driver for Germany, US and Japan, while 'Talent driven innovation', 'Local market attractiveness', and 'Govern investments in Manufacturing and innovation', were the second top drivers for India, Brazil and China, respectively. So Knowledge driven innovation is considered worldwide the top driver for competitiveness.

3. Knowledge Issues in Europe

The European University and Industry systems are facing with quantitative / qualitative knowledge gap issues.

The former issue relates to a deficit of demand vs. offer of skilled/knowledge workers; the latter deals with a gap in the contents and subjects of classical academic education if compared with industry needs.

Gaps are expected to increase due to two main European phenomena: workforce aging and the increasing competence required to implement the concepts of 'Industry 4.0'.

A 2014 survey of the European Commission outlined the shortage of skill and competences in the labor market capable of handling the multi-disciplinary nature of so-called key enabling technologies. Increase of 400.000 workers in Nanotechnology, 700.000 additional jobs observed during the last decade in Europe (more service-oriented and highly skilled jobs) and further 700.000 ICT skilled technicians are some figures representing the quantification of the skill gap in Europe.

It is worth observing how demand of skilled workforce comes not only from big companies but also from SMEs. In Europe 5,000 SMEs are in the photonics sector; in Germany about 80 % of the nanotechnology companies are SMEs.

The situation also occurs in the US where 67 % of Manufacturers suffers from moderate to severe shortage of skilled workers (National Association of Manufacturers, 2013).

The 3rd Level education

Recession has led since 2008 to funding cuts to HE in Europe and US. Professorship and academic tenure are dwindling while adjuncts and postdocs are on the rise. In the US, an increasing trend of PhDs leaving Universities for a better job in private sectors is observed: employments of PhDs in business/industry rose in last ten years from 21 % to 27 % while positions in academia dropped from 54 % to 51 %.

The number of researchers in the EU has been increasing at a faster rate than in the US and Japan; however, the EU still suffers from the shortage of researchers in the business sector: 46% of total researchers in the EU against 68% in Japan and 79% in US.

The shortage of PhDs is observed in Europe and US due to:
- A Long 'payback' period for phD holders;
- The 'over-qualification' phenomenon.

Long 'payback' period

In Europe and US, PhD holders aren't much richer than people without phD (Cyranoski et al., 2011): their salaries are almost the same (a big difference, at a lower salary level, is registered in China). This is the main factor of dissatisfaction of a PhD holder.

Over-qualification phenomenon

According to a EU commission report of 2012[1], over-qualification phenomenon mainly occurs incountries having:
- lower public expenditures per capita on Education;
- higher mismatch between academic competence and industry needs;
- higher rates of youth unemployment: high educated people accept lower skilled labor.

On the contrary, over-qualification phenomenon tends to decrease where:
- labor regulations (hiring, firing) do not hinder business;
- foreign people are attracted: attracting / retaining talents is a company priority.

The Council for Doctoral Education of the European University Association (EUA), the largest and most comprehensive organization concerning doctoral education in Europe, approved since 2005, the Salzburg principles to better define 3rd level curricula. First Salzburg principle states that Doctoral training must increasingly meet the needs of an employment market that is wider than academia.

Second Salzburg principle states that universities need to assume responsibility for ensuring that the doctoral programmes and research training they offer are designed to meet new challenges and include appropriate professional career development opportunities.

According to these fundamental principles, not regarding with the specialization of the PhD curriculum, the classical 'convergent model' leading to specialization of a PhD holder is considered as obsolete: it requires to be completed with transversal competence like: acquire/synthesize knowledge; awareness of commercial value of knowledge; intellectual and

---

[1] European Commission: Employment and Social Development in Europe 2012 – The skill mismatch challenge in Europe. Commission Staff Working Document, Volume 8/9, Chapter 6, Brussels (2012)

business topics; communication capabilities. Shortage of skilled and knowledge workers tends to increase with the aging of population and with the development of 'Industry 4.0' concepts, two big European social and industrial phenomena.

Workforce Aging
Ageing of the European population impacts health and welfare systems as well as labor market. The phenomenon is an industrial challenge: the aging of the workforce population. Immigration will not fill the gap of skilled / knowledge workers in the short-midterm. Recent estimates (Cedefop, 2012; Rechel et al., 2013) outline how by 2060 the mean life expectancy of European population will increase of about 7 years. Furthermore, the Old age Dependency Ratio (ODR), i.e. the ratio of people aged 65 years or older over people aged 15 – 64 years, is projected to increase from 25.4 %, as per 2008 evaluation, to 53.5 % forecasted for 2060: i.e., for every person aged 65 years or older only two persons will be in the working age (instead of four people as per the current situation). A fundamental question rises in manufacturing: *'How to improve production systems performance (productivity/quality) meanwhile ensuring more tight safety and ergonomic work constraints of aged skilled workforce ?'*
Field investigations on the effect of workers aging on production performance were already carried out since 2007 on a line of rear-axle gearboxes for medium-sized cars operated at the BMW' plant in Dingolfing, Bavaria. A pilot production line was staffed with workers with an average age of 47 years, in this way simulating the effects on the line performance of the higher average age expected by 2017; line performance were compared with the current performance of the line staffed with workers having an average age of 39 years.
New IE&M problems of aged workforce (Mummolo, 2014; Boenzi et al., 2015; Mossa et. Al., in press) concern Safety Organization, Working Time and Job Rotation Scheduling Models, Ergonomic Standards, Rests' Management during a workshift.

Qualitative knowledge gap relates to educational subjects and methods adopted in academic IE&M curricula.
By comparing the well known definition of Industrial Engineering, as it was provided by the Institute of Industrial Engineers (http://www.iienet2.org/), with the one provided by the 'Industrial Engineering Standards in Europe - IESE' (http://www.iestandards.eu/), an European Educational project, one can realize how the focus of IE evolved to 'system complexity', viewed over time and context-related. The IESE project, starting from the standards of IE higher education of the International Labor Organization (ILO), identified major gaps in subjects of IE curricula.
The project identified three main areas of improvement for IE education. The first one, 'Innovation & Technology', refers to: Speed of Technology Development, Knowledge Exploitation / Intellectual Property issues, Manufacturing / Information Technologies. The second area of competence to be improved is 'Environment & Sustainability' that relates to competence on Policies and Standards, Energy Management and Auditing, and Building Management Systems. Finally, 'Human Factors', the last area of competence, requires improvements in Ergonomics, Human Interface Engineering, and Behavioural Science.
'Industry 4.0'
The skill/knowledge gap is expected to rapidly increase also due to the expected massive adoption of internet-base technologies to implement concepts underlying 'Industry 4.0'

programme. Internet-based technologies enable a different idea of a smart factory or of a smart supply chain. The idea underlying Industry 4.0 differs from CIM 2.0 paradigm. This last, started at the beginning of the seventies, was based on electronics and IT innovations to pursue the 'unmanned factory': here the human role was confined in planning and monitoring activities.

This paradigm was basically founded on two main features:
- Processes of value creation were based on an holistic approach enabled by integrated IT·systems;
- Continuous computer-aided and integrated processing based on information from different data base (CAD/CAM; flexible manufacturing systems).

However, CIM 2.0 paradigm (24-unmanned factory) failed because of technical and costs reasons. Fully automated production systems applications decreased and the concepts of lean automated / human centred production systems gained in popularity and applications.

Industry 4.0 is based on low cost Internet technologies for data collection, storage and processing. Hardware and human components exchange data resident on i-cloud / cyber systems. Human-related socio aspects are considered as prominent.

Internet Based Technologies are new competence required to design and manage Social Cyber-Physical Systems. IE & M education should provide efforts to bridge the competence deficit: in the past, a synchronous update of competence to system complexity guaranteed the knowledge required. At current, the updating process reveals complex and the asynchronous increase of complexity vs. competence available causes an increase of competence deficit. IE & M education has to provide efforts to answer the big expected demand of new competence. It is worth observing that competence needs to reach a critical mass due to the expected massive use of new Internet Technologies which range from 'Internet of things' to 'Internet of services'.

4. Rationale for a New Paradigm for IE&M Higher Education

To properly answer the big demand of knowledge workers and fill the gap of education, a new HE Model of IE&M is required. The model aims at answering these big questions meanwhile considering structural constraints of a large part of the European university system. Many universities (mainly state universities) are squeezed by economic resource constraints in offering new and renewed academic courses; the legal value of the degree in many Countries often gives rise rigid constraints that obstacle the renewal process. Finally, the 'publish-or-perish' recruiting mechanism does not incentivise faculty staff in providing efforts in higher education.

In this scenario, academic curricula tend to diverge from industry needs.

A new education model is being conceiving by a set of university and industrial partners under the coordination of the European Academy for Industrial Management. Partners cooperate as a
'knowledge alliance' finalized to update the 'Body of Knowledge' (BoK) of higher education (2nd / 3rd level) in IE&M; the educational processes are based on theoretical as well as experiential approaches and techniques.

The basic principles of the model are:

1. University and Industry partners cooperate to update the Knowledge of Body of IE&M.
2. University and industry partners cooperate to joint design and offer 2nd / 3rd level IE&M certified Education Activities (EAs). Stakeholders involved are: Universities, Companies, Unions, and International Associations.
3. An Educational Path (set of EAs) is design in a flexible way to integrate (not substitute) existing academic curricula and meet industry needs.

The model focuses on educational activities and not on the degree to be awarded. EAs are certified and monitored so as to guarantee over time the consistency of education with industry needs and academic resources according to continuous virtuous quality process control.

Universities adopt the Model on voluntary base and recognize educational activities provided by other universities or industry sites as part of the classical curriculum leading to the degree awarding; selected educational activities can be attended also by industry staff on the basis of industry needs of updating workforce competence.

5. Forward The European Graduate School of IE & M

The implementation and dissemination of the model require a new Multi-University/Industry organization. First actions have been carried out by a set of University and Industry Partners, forward the *'European Graduate School of Industrial Engineering and Management'* (ESIEM).

Vision of ESIEM
1. To bridge the gap between IE academic education and industry needs;
2. To fill the gap of skilled and creative workforce;
3. To contribute to economic growth and jobs' creation in Europe.

Mission of ESIEM
Offering and organizing EAs for existing European MS and PhD courses as well as for Executive Training courses by:
- Strong University – Industry interaction;
- Updating and sharing in Europe the Body of Knowledge & Educational Techniques;
- Coupling Theoretical and Experiential Learning Approaches.

The Faculty of the School should include both University and Industry professors. The expected fundamental roles of the School are: updating the BoK of IE&M in Europe; promoting the renewal / certification process of educational activities; disseminate the model to boost talent-driven innovation in Europe.
Autonomy of each university EAs recognition and in degree awarding is preserved also for reasons related to the degree legal value.
The framework of the Educational model and of the European Graduate School of Industrial Engineering and Management is synthetized in the following figure:

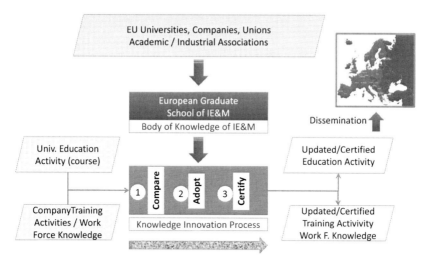

In the following, expected benefits by the adoption of the educational model and the role of the School are identified.

The Educational Model and the European Graduate School of Industrial Engineering and Management: Expected Benefits

1. Updating the Body of Knowledge of IE&M consistently with Industry needs.
2. Putting on value and improving existing University Educational Activities without forcing capacity constraints.
3. Bridging the Qualitative Knowledge Gap by disseminating the Educational Model and the Body of Knowledge in Europe.
4. Bridging the Quantitative Knowledge Gap by Educating a significant number (critical mass) of Knowledge Workers in Europe.
5. Promoting co-creative / experiential learning environment in different areas of Europe with the involvement of Academic and Industry professors of the School: education and research will be integrated activities.

A Win-Win University / Industry Educational Strategy

A Win Strategy for the European University System since:
1. 2nd / 3rd level educational activities will refer to a recognized international Body of
    a. Knowledge and Experiential Learning educational tools in the areas of IE&M.
2. A University joining the Educational Model will increase in competence and reputation in the areas of IE&M: positive attitude to competition with other Universities.
3. University international attractiveness and visibility from students interested in certified educational activities and paths forward knowledge, recognized by industry, as they will be consistent with industry knowledge needs.
4. Universities will benefit of strict relations with industry.
5. The model has a general value for the University since of its transferability in other education areas.

A Win Strategy for the European Industry since:

1. Educational activities will be focused to bridge the knowledge gap university education and industry needs.
2. Direct contribution by industry to update the Body of Knowledge on IE&M.
3. Industry will have a picture of educated talented workforce on IE&M in Europe.
4. European Industry will have the opportunity to update knowledge of industry workforce and tackling the workforce aging phenomenon.
5. European Industry will increase the average level of Knowledge Workers and gain in competitiveness.

A Win Strategy for Young / Old Knowledge Workforce since:

1. University young Students enrolled in IE&M curricula will have the opportunity to get education recognized by industry: higher career perspectives and motivation.
2. Students will move within the framework, rules, and supports of the Erasmus plus program.
3. Industry workforce will have the opportunity to update knowledge and gain chance for new and highly attractive knowledge-based jobs.
4. University students and industry workforce will benefit of mutual cooperation while attending EAs: a Knowledge Alliance between theory and practice as well as between young and old generations.
5. All students will learn in an international context.

Conclusions

Talent-driven innovation is the key driver considered by most industrialized countries. However, quantitative and qualitative skill gaps are identified that limit the economic growth and jobs' creation in Europe.

Gaps are expected to increase due to two main European phenomena: workforce aging and increasing competence required to implement concepts of 'Industry 4.0'.

To properly answer the big demand of knowledge workers and fill the gap of education, a new educational model of IE&M is required. The model aims at answering these big questions meanwhile considering structural constraints of a large part of the European University system. The new educational model is being conceiving by a set of academic and industrial partners under the coordination of AIM.

The implementation and dissemination of the model require a new multi-University/Industry organization. First actions have been carried out forward the European Graduate School of Industrial Engineering and Management (ESIEM).

References

Deloitte et al., (2013). *2013 Global Manufacturing Competitiveness Index.*

European Commission (2014). *A European Strategy for Key Enabling Technologies A Bridge to Growth and Jobs.* Cyranoski D., Gilbert N., Ledford H., Nayar A. and Yahia M. (2011). *The PhD Factory*, Nature, vol. 472, n. 21 (April) Cedefop (2012), European Centre for the Development of Vocational Training. *Working and Ageing, Emerging theories and empirical perspectives.*

Rechel B. et al. (2013). *Ageing in the European Union*, www.thelancet.com, Vol 381.

Loch C H, et al. (2010). *How BMW is defusing the demographic Time Bomb*, Harward Business Review, March. Mummolo G (2014). *Looking at the Future of Industrial Engineering in Europe.* In 'Managing Complexity: Challenges for Industrial Engineering and Operations Management'. LECTURE NOTES IN MANAGEMENT AND INDUSTRIAL ENGINEERING, vol. N. 2, p. 3-18, Springer , ISBN: 978-3-319-04705-8, ISSN: 2198-0772

Mossa G, Boenzi F, Digiesi S, Mummolo G, Romano V A (in press). *Optimal job rotation scheduling under productivity and ergonomic risk in human based production system: a job rotation scheduling model.* INTERNATIONAL JOURNAL OF PRODUCTION ECONOMICS, ISSN: 0925-5273.

Boenzi F, Mossa G, Mummolo G, Romano V A (2015). *Workforce Aging in Production Systems: Modeling and Performance Evaluation.* PROCEDIA ENGINEERING, vol. 100, p. 1108-1115, ISSN: 1877-7058, doi: 10.1016/j.proeng.2015.01.473.

Meier H. (2014). *The Human Role In Cyber-Physical Systems*, AIM Conference Saint Petersburg.

Dinner Speech

Unternehmertum – Innovation – Unternehmerkultur

Prof. Dr. Fritz Fahrni

Chairman, u-blox AG, Thalwil/Schweiz,
Prof. em. ETH Zürich und Universität St. Gallen,
ehem. CEO der Sulzer AG

Curriculum Vitae

Studienabschlüsse

1966	Dipl. Ing. ETH: Maschinen-Ingenieur (III A) an der ETH Zürich im Dezember
1970	Dr. (PhD): Mechanical Engineering an der Illinois In- stitute of Technology, Chicago im Dezember
1980	Senior Management Program (SMP) an der Harvard Business School

Berufstätigkeit

1967 – 1970	Illinois Institute of Technology, Chicago / USA: Wissenschaftlicher Mitarbeiter bei einem NASA-Projekt
1971 – 1976	Ciba-Geigy-Photochemie: Entwicklungsingenieur Fribourg (CH) und Brentwood (UK), Leiter Beschichtungstechnik
1977 – 1980	Sulzer: Leiter Entwicklung Gasturbinen
1980 – 1983	Sulzer: Leiter Hauptbereich Gasturbinen
1983 – 1986	Sulzer Rüti: Leiter Produktbereich Webmaschinen
1987 – 1988	Sulzer: Leiter Konzernbereich Textilmaschinen, Mitglied KL
1988 – 1999	Sulzer: Präsident der Konzernleitung
2000 – 2007	ETH/HSG Doppelprofessur für Technologiemanagement und Unternehmensführung

Auszeichnungen und Ehrungen

1966	ETH Zürich: Gruppe bester Diplomanden des Jahres (2. Rang, Medaille)
1970	Illinois Institute of Technology and American Physical Soc.: PhD „summa cum laude"
1986	Town of Spartanburg, S.C. USA: Mayor's Award for Entrepreneurship
1988	Bilanz: „Mann des Monats"
1992 & 1997	SBV – Exec. Education Program: „Best Entrepreneur/ Lecturer"
1992	Politik und Wirtschaft: „Unternehmer des Jahres"
1995	Cash: Erfolgreichster „Unternehmer und Sportler"
1998	Illinois Institute of Technology: „International Distinguished Leadership Award"
	Investor Weekly: „Innovator and Entrepreneur of the Month"
	Swiss American Chamber of Commerce: Ehrenmitglied